U0910803

高等院校草业科学专业“十二五”规划教材

草坪学实验实习指导

徐庆国　主编

中 国 林 业 出 版 社

内 容 简 介

本书为高等院校草业科学专业“十二五”规划教材《草坪学》配套的实验实习教材，较系统地介绍了草坪生物学与生态学实验、草坪草育种学与草坪建植实验、草坪养护管理与草皮生产及专用草坪实验、草坪质量评价与经营管理实验的技术和方法等内容。本书广泛吸收了国内外草坪学及其草坪学实验的最新成果与先进经验，内容全面、系统、新颖，基础理论与实际应用技术有机结合，具有较高的理论水平和实际应用价值。

本书可作为全国高等农林院校与综合性大学草业科学、园林、园艺等专业教科书，还可供草坪、运动场与高尔夫球场管理、环境保护、植物资源利用与管理、城市规划与建设、旅游、物业管理、生态等科技工作者、生产管理与经营销售相关人员参考。

图书在版编目(CIP)数据

草坪学实验实习指导/徐庆国主编. 北京：中国林业出版社，2015.12
高等院校草业科专业“十二五”规划教材
ISBN 978-7-5038-8274-6

Ⅰ.①草… Ⅱ.①徐… Ⅲ.①草坪学—高等学校—教材 Ⅳ.①S688.4-33
中国版本图书馆 CIP 数据核字(2015)第 291216 号

中国林业出版社·教育出版分社

策划、责任编辑： 肖基浒

电　　话： (010) 83143555　83143561　　**传　　真：** (010) 83143516

出版发行　中国林业出版社(100009　北京市西城区德内大街刘海胡同7号)
E-mail: jiaocaipublic@163.com　电话:(010)83143500
http://lycb.forestry.gov.cn
经　　销　新华书店
印　　刷　北京市昌平百善印刷厂
版　　次　2015年12月第1版
印　　次　2015年12月第1次印刷
开　　本　850mm×1168mm　1/16
印　　张　10.5
字　　数　249千字
定　　价　29.00元

《草坪学实验实习指导》编写人员

主　编　徐庆国（湖南农业大学）

副主编　宋　敏（湖南农业大学）

付玲玲（海南大学）

娄燕宏（山东农业大学）

编　委（以姓氏笔画为序）

付玲玲（海南大学）

刘红梅（湖南农业大学）

宋　敏（湖南农业大学）

杨　勇（湖南涉外经济学院）

刘冠明（仲恺农业工程学院）

娄燕宏（山东农业大学）

徐庆国（湖南农业大学）

徐持平（湖南生物机电职业技术学院）

前 言

草坪学是一门实践性极强的实验性科学。草坪学实验实习课程的学习与训练在草坪学课程学习中占有十分重要的地位。本教材作为高等院校草业科学专业“十二五”规划教材《草坪学》的配套实验实习教材，在章节的编排上继承了《草坪学》教材的结构，以利实验实习与理论课程教学内容的统一和灵活选择。

本书《草坪学实验实习指导》由 4 个篇共计 33 个实验组成。第 1 篇草坪生物学与生态学实验由 9 个实验组成；第 2 篇草坪草育种学与草坪建植实验由 10 个实验组成；第 3 篇草坪养护管理与草皮生产及专用草坪实验由 8 个实验组成；第 4 篇草坪质量评价与经营管理实验由 6 个实验组成。在实验内容的编排过程中，既考虑了内容的新颖，又保证了方法的实用。有的实验同一项目还介绍了多种实验方法，以便选择使用。教师可根据草坪学理论课程教学内容和实验实习课程学时及实验实习条件选择开设所需的实验。

本教材编写人员由多所大学从事草坪学专业教学的教师组成，在对教材编写目的、总体框架、编写思路和原则、内容体系等各方面进行认真研讨并达成一致的基础上，提出了具体的编写提纲和编写要求，首先由徐庆国、宋敏、付玲玲和娄燕宏等 4 人分别编写出全书 33 个实验的初稿，然后分发刘红梅、杨勇、刘冠明、徐持平等 4 人进行修改，之后由各编写人员对本书各实验内容进行了互换校阅工作。最后由主编徐庆国对各章内容进行了统稿和审稿工作。

本书编写过程中，全体编写人员以科学求真的态度及奋发向上的团队协作精神，保质保量按期完成了中国林业出版社的编写任务。对于本书编写付出辛勤劳动和给予真诚合作及支持的全体人员表示衷心感谢！

由于编者学识水平有限，编写时间较紧，本书的错误与不足之处在所难免，恳请读者批评指正。

编　者

2015. 7. 1

目　录

前　言

第 1 篇

草坪生物学与生态学实验

实验1　草坪草资源调查与性状鉴定及标本制作保存

草坪草资源多种多样，且许多草坪草野生种质资源是草坪草新品种选育与引种驯化的基础。因此，学习掌握草坪草资源调查与性状鉴定及样本保存方法技术是草坪工作者的基本技能。本实验要求学习掌握草坪草资源调查项目的制定方法和记载标准，并掌握草坪资源调查的方法和种质资源性状鉴定的内容及方法；了解草坪草样本采集、引种与液浸和蜡叶标本的制作及保存方法。

1.1　材料、仪器设备与试剂

1.1.1　材料

各种草坪草种质资源。

1.1.2　仪器设备

海拔仪、测高仪、经纬仪、GPS定位仪、指南针、照相机、折光仪、放大镜、天平、土壤速测箱、标本夹、采集箱、短刀与砍刀、剪刀与枝剪及高枝剪、铲子、铅笔、橡皮擦、直尺、卷尺与皮尺、麻绳、雨具、塑料袋、羊皮纸袋与尼龙种子袋、塑料标签牌与标签纸、吸水纸与草纸及装订标本的台纸、针、资料袋、绘图纸、记录本、背包、工具书等。

1.1.3　试剂

蛇药与急救用药、福尔马林(35% ~40%的甲醛水溶液)、硼酸、亚硫酸(H_2SO_3)、醋酸及醋酸铜、硫酸铜、乙醇、升汞($HgCl_2$)等。

1.2　方法步骤

草坪草资源调查与性状鉴定及样本保存工作的步骤按其进程可分为准备、调查鉴定和总结3个阶段进行。

1.2.1　准备阶段

草坪草资源调查工作通常是多学科实践工作，要求有很好的计划，适当的准备，并有一定数量的经费。

(1)制订方案

应收集的参考资料包括：地方志，农业资料(有关草坪草及农业生产概况等)，自然地理资料(有关地质、地形、土壤与水文资料等)，气象资料(温度、湿度、雨量、日照等)，植物资料(植物分类、地被植物及指示植物等)，图纸资料(调查地区的地形图、土壤图、农业区划图以及其他专业图纸资料等)。

调查计划包括调查目的、要求、内容、时间、地点、方法、途径及经费等。其中调查目的极为重要。首先要明确调查搜集目的，其次要了解相关野生草坪草群体内的变异及其影响因素，有效代表群体大小及种群遗传特征。从而确定有计划地组织国内外的考察收集；到草坪草作物起源中心和各种草坪草作物野生近缘种众多的地区去考察采集；到不同生态地区考察收集。没有明确的调查目的，不可能得到好的效果。另外，草坪草主栽品种、地方品种与野生品种资源的调查内容不同。主栽品种一般为遗传纯合群体，种植面积大，一般有现成生产总结资料或者可通过直接走访当地住户、农技员、草坪企业人员与草坪产业管理公务员即可完成。地方品种则在当地不同生态环境条件下，选定该品种的代表性单株进行调查。野生种质资源可能为遗传杂合群体，个体之间基因型不同，变异大，应调查群体主要经济性状的变异类型和范围，选定优异单株，如高产的或品质优异的，或抗逆性与抗病虫性好的单株。

(2)建立调查小组

将参加调查的同学划分为若干个小组，各组之间与组内各同学之间分工协作。调查小组的人数，则应根据调查对象、活动范围等条件确定。规模较大的调查，小组人员要多些，每组7～10人为好；规模较小的调查，每组3～4人为宜。

(3)制定草坪草资源调查记载项目和记载标准

参考有关的书籍和资料以及资源调查手册等，初步了解对调查草坪草种类应有的共同项目，不同草坪草种类的不同项目，以及不同品种的异同点，不同选育目标与选育不同阶段的记载异同，初步确定记载项目，并列出简表。然后实地调查草坪草种的生长状况以及适应性、抗逆性等表现及同一品种性状差异的幅度。最后，根据所掌握的情况，分小组进行分析和讨论，统一认识，制定出对该草坪草种的调查项目和记载标准，如品种或类型名称、产地的自然、耕作、栽培条件，样本的来源，主要形态特征、生物学特征和经济性状，群众反映，采集地点、时间等，可以按照从最强到最弱，从最大到最小，最深到最浅划分3～9级，并设计成调查记载表格。

(4)准备仪器及用具

准备调查所需的必要的仪器及用具。野外调查仪器设备及用具基本上可分为：交通工具、收集样本用品与准备问卷调查记载表格、调查需用的仪仪器设备与用具(包括容器)及生活用品(包括药品)等。

(5)确定调查时间

对草坪草资源调查的时间，原则上可一年内分期进行，但限于人力物力经费状况，可选择草坪草关键生育期进行调查，以草坪草抽穗开花和结实成熟期进行调查最好。也可根据实际情况和需要，选择适当时间进行灵活安排。

(6)进行试点调查

在全面开展调查工作之前，可选择有代表性的地点和草坪草植株进行试点调查，使各小组掌握统一标准，熟悉调查方法。

1.2.2　调查及性状鉴定阶段

(1)草坪草资源调查与性状鉴定内容

实施草坪草资源调查与性状鉴定活动，主要包括以下内容：

①依靠调查地区的领导、农技员、草坪企业人员和住户，请当地有关人员介绍当地社会经济情况和自然条件，以及草坪草生产概况。

②召开座谈会或个别走访，了解被调查草坪草种在当地的生产情况，如种植栽培历史、

种类、品种、分布范围、面积、适应性、抗性、栽培管理措施、群众评价，以及存在问题等。对野生草坪草种还应了解其利用价值。

③查阅并收集调查地区有关资料。

④记载草坪草植株的性状。采用植物学形态特征描述、生态型形态特征的比较观察以及形状指数的计算分析，对调查草坪草种质材料主要器官的形状、大小、色泽等主要形态特征的比较分析，确定其植物学分类地位。

⑤草坪草生物学特征观察及其鉴定。采用自然环境鉴定和人工控制环境鉴定，测试环境条件、物候期和种质的生长发育习性，通过分析三者之间的关系，了解草坪草种质材料生长发育规律、生育周期及其对温度、光照、水分及矿质营养等的要求。记载的内容和项目有环境条件、物候期以及生物学特征特性的记载等。

⑥采集草坪草植株的枝、叶、花、果等标本。

⑦采集草坪草种及品种种子，以及能移栽成活的植株体或其他无性繁殖器官，在种质资源圃种植保存或资源库长期保存。征集收集草坪草种质资源种子样本，应能充分代表收集地的遗传变异性，并要求有一定的群体。

⑧对调查草坪草植株和果实等进行简单绘图和照相。

⑨对草坪草植株籽粒与果实形态性状进行记载鉴定，并对其品质性状进行生化分析。对品质性状的鉴定，可采用感官评定和理化测试等方法，对种质材料的坪用性状及其他品质性状进行客观评价。

⑩进行草坪草种质抗性鉴定。对所调查的草坪草资源进行必要的抗逆性和抗病虫性鉴定。

(2)草坪草资源调查采样与引种方法

①采样与引种原则：由一种物品中采集供分析或引种或制作标本用的样本称之为采样。取样是草坪草植株化学成分分析或引种或标本制作工作中至关重要的第一步。所取的样本必须代表全部被检或引种或制作标本的草坪草种及品种。否则即使以后的分析方法和引种方法及标本处理无论多么严谨、精确，所得出的分析结果和制作的标本都毫无科学性、公证性和实用价值，其引种效果也不会显著，甚至还可能导致引种不成功。

根据调查草坪草种及品种各植株生长均匀性质不同，采样的方法也不同。如果调查草坪草种及品种各植株生长均匀，可采用常的“五点取样法”采样，即调查区域的四个角与中心共计五点为取样点，各取点点植株及器官混合成调查草坪草样品，如样品数量较多，则可采用“四分法”分样；如果调查草坪草种及品种植株中出现性状表现明显特殊的植株，则应另行单独采样或单独引种。

②采样与引种方法：

A. 采集的标本样品要尽可能完整，不能光有茎和叶，最好有花或果，同时还应注意有无特殊的地下器官。采集苔藓植物标本要注意采取有孢子体的标本，其次要将生长的基物一起采取。将采集的苔藓植物样本放入纸袋内，置于通风干燥处风干即可。水生植物标本或带有附生植物树叶的标本，可用标本夹压制，压干后再装入纸袋。

B. 木本类草坪用植物标本采集时先取有花、果及完整枝条剪下，长度为25～30 cm，叶花、果太密时，可适当疏去一部分(疏去时要留叶柄)。同时剥取一小块树皮，以便于进行鉴定。

C. 采集草坪草植株样本时，小草本应连根采取整个植株，较高大的草本(超过 1 m 以上)，可将其折成“N”形或“W”形收压起来，或在同一株上选形态上有代表性的上、中、下 3 段(上段带有花果，中段带叶，下段带根)压制，将几段汇成一份标本，但要注意将全草高度记录下来。

D. 如要进行草坪草引种则应注意将草坪植物连根挖取，可去掉部分枝叶及果实以减少蒸腾，最好带土保湿保存并尽早移栽。

E. 在将草坪草样本压入草纸时，要注意使叶片既有腹面朝上，又有部分叶是背面朝上，以利于以后观察叶背的毛被情况。如果有花，应将其中一朵剖开，平展在草纸上，显示其内部结构，便于今后研究。

F. 当采集雌雄异株或单性花、雌雄同株的草坪草植株标本时，要分别采集雌、雄枝(株)，而且要注意不要搞错。

G. 有的草坪草植株鉴定主要依据果实，如伞形科、紫草科、藜科等，因此要尽可能采集到果实。采集蕨类植物标本最好采带有孢子囊的植株，一些寄生性的植物如桑寄生、槲寄生等，采集时则要连同寄主一起采集、压制。

H. 每采集一份样本均要及时编号、记载其形态特征和生长环境，特别是开花的植物样本，要及时记下花期、花的颜色、气味，因为样本经压制后，颜色与气味往往褪去，影响鉴定。与此同时，还要记录所采集植物的生境特点，包括海拔、坡向、采集地点、采集时间、采集人、伴生种等等。

I. 原则上草坪草同株植物标本编同一号码，不同株的应编另一号码，以免混乱，尤其是木本植株标本必须按单株编号。对采集的样本进行编号时，将在同一地区同一时间采集的同一样本编为同一号码，每号样本可以不止一份。草坪草相同种及品种植株在不同地区采的样本应编为不同号。雌雄异株植物通常也分开编号，但要注明系同一种及品种的雌株或雄株。编号一般采用连贯法，即无论是在同一地区还是换到其他地区采集，号数都连续下去，而不能换一个地方就又从头开始编号。编号时要在号牌上同时写明采集时间、地点和采集人姓名。记载本上的号码必须与标本上号牌的号码一致，以防混淆。这样即便采集的标本有时只是植物体的一部分，但有了详细的文字记录，就成了完整的标本了。

③采样与引种记录：

A. 草坪草野外采样与引种必须具有现场记录，记录内容有专门记录本可按其格式填写。草坪草种及品种地方名、用途、生态环境(山坡、林下或水沟边等)、海拔高度、花果颜色、气味、乳汁等都要当时记录，否则会影响鉴定的正确性。采集记录的同时要按种及品种编号，号码写在标签牌上，然后用线栓在标本上，为防止标签脱落，袋装样本要同时掉挂与内装外标签、内标签或相同样本掉挂 2 个相同标签，标签牌号码同记载本号码一致，这样就可按记录本上的号码找到标本，不致错误。写野外记录和标牌号码应用铅笔，而不用圆珠笔或钢笔，这样不易因时间过久或雨水等原因褪色。

B. 采样与引种后要及时记录样本与引种名称、产地、采样基数、采样部位、采祥人、采样日期等内容 。可在纸袋上用铅笔记上标本编号、采集时间、地点、海拔高度、生境等。同时按顺序编号在采样与引种记载本上详细记载有关特征特性。并且，回到营地后进行相关记录整理。采取的样本应妥善保存，注意防潮、防损和防丢失；引种植株应妥善保养，防止失活并尽早移栽。

(3) 草坪草资源植物标本制作与保存方法

①标本压制方法：

A. 用作草坪草标本的样品采集回来以后要及时整修压制，以免花、叶变形、变色，无法保持原有形状，而失去保存价值。采回的标本首先要设法使其尽快干燥，以免霉变。在南方多雨地区，不仅要增加换纸的次数，还可放在微火上烘烤，以便使其尽快干燥。每天换纸时要顺便对标本进行必要的加工整理，使叶平整，并去掉过多的叉枝。

B. 目前标本制作通常大多采用压干法，也就是将采集的标本夹在草纸之间，用标本夹捆紧，每天换纸，使之干燥。先将一块标本夹放平，按标本夹的大小铺放 5 ~6 层麻纸，纸上放标本，对标本进行整修，对过多的枝、叶、花、果要适当摘去一部分，以免重叠而霉变。标本各部分均不可露出标本纸外，不要使花、果离台纸边缘太近，避免在拿取标本时损坏。每层标本纸上视标本大小而放置标本，需四周高低一致，不可一侧厚一侧薄。每份标本从正面应看到叶背面和腹面两个面上的特征。整理好的每份标本上再盖 2 ~4 层麻纸，以此类推，大约压制 50 ~80 份标本后，最上面盖 5 ~6 层麻纸，将另一块标本夹盖在上面，用麻绳将标本四周捆紧，捆时注意四周用力一致，捆得平展即可。注意压制标本时按标本编号顺序放好，切不可乱放。捆绑好的标本夹可放在通风处阴干。

C. 标本压制的最初 4 ~5 d 内，必须每天翻压一次，用干麻纸替换湿麻纸，决不可疏忽大意，否则就会使标本霉变、落叶、落花或变色。4 ~5 d 后可隔 2 ~3 d 换一次纸，可捆松点，以免损坏标本，直至完全干燥为止。换纸的过程要注意对植物的再次整形，换下的湿麻纸要及时晾干、晒干或烘干以备使用。

D. 换纸过程中，如有花、果、叶脱落，可另装入小纸袋内，记上相同采集号，附在标本上。对少数多浆肥厚的植物标本则必须切开压制；对于肉质植物、块根、块茎、鳞茎、肉质果等不易干燥或各部易脱落的标本，要在压制前用沸水冲烫数分钟，待水晾干后再压制，这样处理利于标本压干又可避免其脱落。

E. 某些草坪草植株的根、果过大，不便与标本同时压制，可挂同一编号的号牌，晾干、晒干，单独妥善保存。

②标本消毒和装订方法：

A. 标本干燥后通常要进行消毒防蛀，因为标本上往往有虫卵或霉菌孢子。目前消毒大多采用升汞($HgCl_2$) 和 95% 乙醇配成 0.2% ~0.5% 的升汞乙醇溶液，先将溶液放在瓷盘内，将标本浸透静止 5 min 左右，即可用竹筷(不可用铁器)夹起，放在干的吸水草纸中，压干后可以避免生霉及虫害。因汞溶液有剧毒，因此使用升汞时最好带上胶皮手套进行操作，以免中毒。消毒后上台纸，这样不致把标本弄坏。

B. 标本消毒后就可以装订到台纸上。台纸以厚卡片纸为佳，台纸的标准尺寸一般是长 40 cm，宽 30 cm，或再大些。标本上台纸时要注意布局的美观大方，合理排放，贴时按自然状态，即先端向上，基部向下，放置在台纸上适当位置，用双面胶纸将标本贴附在台纸上或用线缝上，贴和缝的位置，以固定标本为准。如标本上有脱落的果实和种子，可用羊皮纸袋装之，贴于台纸左或右上角。

C. 标本固定好后，通常在台纸的左上角贴上野外纪录标签，在台纸右下角贴上经过分类鉴定后的定名签，使其成为完整的标本。做好的标本则应放入标本橱内密封保存，以供研究和教学使用。

D. 对已上台纸的储存标本，消毒也可采用专门的密封消毒容器或单独消毒房间，但必须远离工作房屋以免中毒。消毒时把装好的标本放在消毒容器内或房间内，用氰化钾熏杀标本上的所有昆虫和菌类孢子。氰化钾有剧毒，必须严格防止漏气，在熏杀 36 ~ 48 h 之后，利用远距离操作，将消毒器或消毒房间的门窗全部打开，使毒气充分熏散后，取出全部消毒标本，存放在植物标本橱内，密封保存。

③标本保管和使用：

A. 蜡叶标本按科的分类系统进行分科后，用牛皮纸夹好，在左下角写出科的系统编号、科名；科内的属、种分别用牛皮纸夹好，写好学名，可按字母顺序排列。

B. 将牛皮纸夹好的标本依科的顺序放入标本柜内，柜门外贴上相应科的顺序。

C. 可放置干燥剂、樟脑丸等防潮和防虫，注意关好柜门。

D. 标本室应有专人负责保管，并建立严格的使用制度；标本室可配备专门用于观察标本的桌椅板凳、解剖镜、放大镜及有关用具。保持标本室经常干燥、通风和整洁。

E. 看完后的标本应立即入柜，切勿放置在外。

④浸制标本的制作：

A. 绿色标本的浸制

硫酸铜溶液处理：量水 100 mL，放入细碎 $CuSO_4$试剂 5 g，配成 5% 的处理液，将草坪草绿色植株放入，颜色由绿色先变为黄色再变回绿色即可，时间 1 ~ 14 d。将标本漂洗干净放入 1% ~4% 亚硫酸（H_2SO_3）保存液内长期保存。

醋酸铜溶液处理：用 100 mL 的 5% 醋酸溶液，加进细碎醋酸铜 6 g 配成饱和原液，同时，原液 1 份加水 4 份，加热至 70 ~ 80℃，将植株浸渍放置 3 ~ 10 min，翻动，由黄色转为绿色即可。然后漂洗干净，尔后放入 1% ~4% 亚硫酸保存液内长期保存。

B. 白色标本的浸制

白色带绿色部分如白三叶的花，可先在 5% $CuSO_4$ 内处理 1 ~ 3 d，漂洗后再转入 1% ~ 4% 的亚硫酸溶液内保存。

C. 红色标本的浸制

福尔马林、硼酸混合溶液处理：用 1% 的福尔马林和 0.8% 的硼酸制成混合溶液，将红三叶的花等放入，待红色转为褐色时取出，时间一般为 1 ~ 3 d 左右，处理后转入 0.2% ~1% 亚硫酸和 0.2% 硼酸混合溶液内保存。

硫酸铜溶液处理：红三叶的花等也可用 5% 硫酸铜溶液处理约 1 ~ 2 周，一般红色转为褐色后取出，漂洗后放入 1% ~2% 亚硫酸溶液内保存。

D. 黄色标本的浸制

硫酸铜溶液处理：草坪草黄色或黄绿色根、叶、果等，可在 5% 硫酸铜溶液内处理 1 ~ 5 d，经过漂洗，放入 2% 亚硫酸溶液内保存。或者用 2% 亚硫酸及 0.1% 福尔马林混合溶液处理保存，浑浊时要及时更换保存液。

E. 紫色标本的浸制

福尔马林和乙醇混合液处理：20% 福尔马林和 2% 乙醇混合液处理保存。或者用 2% ~

3% 福尔马林和 3% 饱和食盐溶液(饱和食盐溶液浓度为 100mL 水加盐 16g)混合处理 2 ~3 个月，然后放入 1% ~2% 福尔马林溶液内保存。

1.2.3 总结阶段

(1)整理调查资料

在草坪草资源调查时，应随时注意各项资料的整理，发现不足之处，可及时有目的地查找或重新调查，加以补充。调查工作告一段落时，应及时将调查的草坪草种质资源材料进行分类、登记整理、安全保存其种子等繁殖材料及标本。先将样本对照现场记录，进行初步整理、归类，将同种异名合并；将同名异种予以订正，并给以科学地登记和编号。整理调查记录，使调查所获得的资料和种质材料系统化、完整化；将各类表格和数字资料进行整理统计；将采集的标本进行分类、浸渍或压制保存，弄清它们在植物学与草坪学分类中的地位，明确其可能的利用价值；完成采集草坪草植株果实或籽粒的化学成分与物理特性分析测定；绘制图表及拍摄照片；对所有调查用的仪器和工具进行检修、整理和保养。

(2)写出调查总结

在调查报告中，首先要概述调查的目的要求、工作的进展、草坪产业发展情况，调查的草坪草种及品种在当地社会经济生活中的地位；其次可说明调查草坪草种及品种情况：即草坪草种及品种名称、别名、来源、历史、数量、分布范围和面积、品种的植物学性状、生物学特性、经济性状、适应性和抗逆性、群众评价及存在问题；评选出优良草坪草种及品种或类型。总结报告应尽可能详细，资料丰富，以便作为原始材料，为后续调查者的复查和今后的调查打下基础。

1.3 注意事项

①草坪草资源调查与性状鉴定过程中，应自始至终注意安全，切实防止意外事故发生。

②草坪草标本制作过程中，需要使用的一些试剂对人体有害，应注意有效防护。

1.4 实验作业与思考题

①对草坪草资源调查及性状鉴定结果所包含的各种资料的正确性和可靠性进行客观分析，组织小组进行讨论，总结调查及性状鉴定的结果。分析所调查的草坪草种质资源材料的特征特性、在分类学上的地位和在育种及其他生物科学上的应用价值，并对草坪草种及品种在当地的发展区划、优良品种和优良种质的选择、保存和利用等提出建议。最后每个小组完成草坪草资源调查及性状鉴定报告 1 份。

②完成 1 ~2 种草坪草的 5 个野生品种的野外采集记录。

③采集 1 ~2 种草坪草的 5 个种质资源，并将它们制成蜡叶标本。

④总结草坪草资源调查与性状鉴定的技术要点及其标本制作、保存方法。

实验2 草坪草种子的辩识及其播种品质检验

草坪草种子辨识及其播种品质检验是进行草坪学研究和草坪草种子利用的基础。由于不同草坪草种间与相同草坪草种的不同品种间的种子的外部形态、解剖构造、显微构造存在可观察的明显差异，因此，我们可以利用这些差异区分不同草坪草种或相同草坪草种的不同品种的种子。草坪草播种品质检验是草坪草种子生产、加工、贮运与草坪建植及其养护管理过程中的常规检测工作和依据。因此，通过本实验，要求掌握常见草坪草种子的外部形态和内部构造特征及其彼此的基本区别，能利用这些特征鉴别常见草坪草种子；掌握草坪草种子播种品质检验的内容和方法；掌握草坪建植的播种法建坪播种量的计算方法。

2.1 材料与仪器设备

2.1.1 材料

结缕草、狗牙根、早熟禾、高羊茅、紫羊茅、黑麦草(多年生黑麦草、一年生黑麦草)、翦股颖(匍匐翦股颖、细弱翦股颖)、白三叶、红三叶、马蹄金等草坪草种及其若干品种的干种子和吸胀种子；各类草坪草种子标本与挂图及种子分类检索表。各类供试种子分别编号并注明种子种名及品种名；另摆放3个只有编号而无种子种名及其品种名的种子试材要求学生辨识。

2.1.2 仪器设备

放大镜、白纸板或玻璃板、滤纸、标签、解剖针与解剖刀、单面刀片、镊子、培养皿、直尺、游标卡尺、称量铝盒、干燥器、种子扦样器、分样器、电子天平、体视显微镜、培养箱与烘箱、记录本等。

2.2 种子辨识

根据已经学习掌握的植物分类学知识，依据种子外部形态特征与内部结构，利用草坪草种子检索表，可进行草坪草种子辨识。

2.2.1 根据种子的外部形态特征识别种子

按照以下步骤对供检各草坪草种子样品进行外部形态特征的观察与测量，将相应数据填入表2-1中。并绘制各草坪草种外部形态特征简图，种子组成各部分用文字标明。

(1)种子形状、颜色和大小

观察禾本科种子形状时将种脐朝下，具有种脐的一端称为基端，反之称为上端或顶端。但豆科种子的种脐多在腰部，遇到这类种子有两种做法：一是仍坚持种脐朝下，这样做的结果，常是种子长小于宽；二是胚根尖朝下，其种瘤多在种子的下半部，甚至基部，少数在种子的对面。因为，种子上下端的确定，决定着种子的形状。因此，应按照统一标准确定种子上下端后再描述种子形状，否则会出现上下颠倒、卵形和到卵形不分的混乱现象。常见的种子形状有有球形、椭圆形、卵形、肾形、披针形等。

观察种子颜色。禾本科草坪草种子的颜色较单纯，多数为黄褐色。豆科草坪草种子的颜色则五彩缤纷，常见的有黄色、褐色、黑色、白色等。

测量种子大小，即测量种子长、宽、厚。长为上下端之间的纵轴距离；宽为种子两侧之间的距离；厚为种子背腹之间的距离。测量方法为随机取不同草坪草种及其不同品种的干种子 10 粒，置于实验台上，如为形状规则的种子，则将 10 粒种子首尾相接整齐排列于直尺一侧，或将种子放在种子测微尺凹槽后读数取平均值作为单粒种子的长度；将 10 粒种子紧密并排后量最宽处后取平均值作为单粒种子的宽度；种子厚度用游标卡尺逐粒测量取其平均值。如为形状不规则的种子，则用游标卡尺逐粒测量其长度、宽度和厚度后取其平均值。重复两次，以 2 次的平均值作为该作物种或品种种子的长、宽和厚度，单位以 mm/粒表示。

(2) 种脐的形状和颜色

在鉴定草坪草种子时，种脐形状和颜色鉴定极其重要，尤其是豆科种子。如种脐的位置可分在中部、中部偏上或中部偏下 3 类。种脐的形状可分圆形、椭圆形、卵形、长圆形或线形。可依据观察的种脐位置、形状、大小、颜色等辩别不同草坪草种子。

(3) 种子表面特征及附属物

种子表面特征包括：种子表面光滑或粗糙、是否有光泽。所谓粗糙 ，是由皱、瘤、凹、凸、棱、肋、脉或网状等引起的。瘤顶可分尖、圆、膨大，周围有否刻蚀。瘤有颗粒状、疣状（ 宽大于高 ）、棒状、乳头状以及横卧棒状和覆瓦状。网状纹有正网状纹和负网状纹，一个网纹分网脊(网壁)和网眼。半个网脊和网眼称网胞，网眼有深浅，有不同形状。可依据观察的种子表面光泽有无，光滑或粗糙程度等辩别不同草坪草种子。

种子附属物包括翅、刺、毛、芒、冠毛。翅与种子种体的比例如何，是裸子植物分属、分种的基本特点。可分翅包围种体一周 ，翅仅在种子顶端 ，或下延到种子中部甚至中部以下。芒着生的位置，分在种尖或种脊的中部。芒可分挺直、扭曲和还是否有关节等。禾本科基刺可分有无、数目、长短、形状等差异。

表 2-1　种子形态特征观察记载表

种子名称	科别	果实类型	种子类型	种子外表特征						种子大小(mm)			备注
				形状	颜色	表面各器官的特征				长度	宽度	厚度	
						脐	内外稃	芒	小穗轴				

2.2.2　根据种子内部结构特征识别种子

若单纯依靠种子外部形态特征鉴定种子有困难时，可辅以其内部结构识别种子可能就有效得多。种子的内部结构对确定一个属或科起着决定性的作用。目前主要有两种方法，一是以胚的位置、形状、大小等差异来分类。另一种是以种皮横切面的细胞结构不同为分类依据。可观察供检草坪草种子样品的胚位置、形状、大小，并观察其种皮横切面的细胞结构。将观察结果填入表2-2。

表2-2 种子内部结构特征观察记载表

种子名称	种子内部结构特征				备注
	果皮/种皮细胞结构	胚的特征			
		位置	形状	大小(mm)	

2.2.3 根据化学方法识别种子

有些草坪草种子可采用一些化学试剂进行种子染色，然后依据其染色情况及染色程度辩识不同种子。

(1)石炭酸染色法

该法主要适用于禾本科草坪草种子的辨识。

首先将待鉴别种子浸入清水中预浸6～24 h，然后倒去清水，取出已经进行清水预浸种子置于1%（m/v）饱和的石炭酸纸中浸种4 h后进行第一次观察；浸种24 h后进行第二次观察。观察待鉴别种子的染色程度。通常种子的石炭酸染色程度可分为五级：浅色、淡褐色、褐色、深褐色和黑色。可依据种子的石炭酸染色程度辨识不同种子。

(2)重铬酸钾染色法

该法常用于冰草属草坪草种子的辩识。

首先将待鉴别种子放入1%（m/v）的重铬酸钾溶液内，煮沸5 min，冷却后用水轻洗，把种子置于有滤纸的培养皿中，观察种子的颜色。可依据种子的重铬酸钾染色程度辨识不同冰草属草坪草种子：蓝茎冰草种子染成黑色；匍匐冰草种子染成暗褐色。

2.2.4 根据物理方法——荧光法识别种子

有些草坪草种子可采用物理方法——荧光法进行种子照射，然后依据其发出的荧光情况辩识种子。荧光法识别种子的方法可分为种子识别法与幼苗鉴定识别法。

(1)种子识别法

种子识别法是指直接采用种子进行荧光照射辨识种子的方法。该方法是将待鉴别种子放于波长365 nm的紫外分析灯下照射，试样距灯泡10～15 cm，照射数分钟后观察发出的荧光颜色，依据其荧光颜色辨识不同种子。

(2)幼苗鉴定识别法

幼苗鉴定识别法是指采用幼苗进行荧光照射辨识种子的方法。一般认为荧光法的幼苗鉴定识别法可有效地区别“短命”或“长命”植物种子。如一年生黑麦草(多花黑麦草)多叶、具芒，具有荧光反应；而多年生黑麦草则无荧光反应。

该方法主要用于多年生黑麦草与一年生黑麦草种子的鉴别。将待鉴别种子放入无荧光的白色滤纸上发芽，14 d 后将培养皿移入紫外灯下照射，一年生黑麦草幼苗根迹可发蓝色荧光；多年生黑麦草幼苗根迹无荧光。

该方法也可用于羊茅与紫羊茅种子的鉴别。但幼苗鉴定前发芽床上要先用稀氨液喷雾，然后移入紫外灯下照射，羊茅的根发蓝绿色荧光；而紫羊茅的根发黄绿色荧光。

2.3　种子播种品质检验

草坪草种子质量通常包括品种质量和播种质量两个方面内容。即草坪草种子内在质量要求具有优良的品种特性和优良的种子特性。草坪草种子播种品质又称种用质量，是指种子播种后与田间出苗有关的质量，包括种子净度、发芽率、水分、其他植物种子数目、活力、生活力、健康、重量等指标。

2.3.1　种子净度的检验

种子净度即种子的清洁度，指被检种子样品中除去杂质及其他植物种子后，留下被检植物好(净)种子的重量占被检种子样品总重量的百分率。种子净度是衡量种子品质的一项重要指标。净度测定的目的就是检验种子有无杂质，能否作播种材料用，为种子的利用价值提供依据。种子净度的检验方法如下：

(1)试验样品的分取

采用四分法从送验样品中分取试验样品(试样)。大量研究表明，大约 2 500 粒种子单位的重量在净度分析中具有代表性。不同草坪草均有不同净度分析试验样品的最低限量。一般草坪草种子净度分析试样的最低重量：大粒种子：豆科 10 ~ 30g，禾本科 10 ~ 20g；小粒种子：豆科 5 ~ 7g，禾本科 2 ~ 5g。称取试样两份，精确至 0.01g，感官鉴定种子色泽、气味及有无霉烂等征状，并取出大型杂质，称重计算百分率。

(2)检验分析

将试样种子放在干净的桌面上并铺平，根据标准区分净种子、其他植物种子和杂质等 3 类，分别称重，以 g 为单位，0.5 g 以下者称量至少保留 3 位小数；1 ~ 9 g 者称量至少保留 2 位小数；10 ~ 99 g 者称量可保留 1 位小数。比较试样各成分之和与原来重量，若增失差距超过原来重量的 5%，则必须重做，填报重做的结果。

净种子是指报验者所叙述的种或在检验时发现的主要种，并包括该种的全部变种和品种。具有完整的种子胚单位或大于原来大小一半的破损种子单位或符合个别属和种特殊规定的种子单位，即便是未成熟的、瘦小的、皱缩的、带病的或发过芽的，如果能明确鉴别出是属于所分析的种，均应作为净种子，但已变成菌核、黑穗病孢子团或线虫瘿的除外。不同草坪草种子结构不同，其净种子定义也有差异，不同草坪草种子净种子的具体标准参见相关国家标准。

其他植物种子是指除净种子以外的任何植物种子单位，包括杂草种子和异作物种子。其鉴定原则与净种子相同，但甜菜属的种子单位作为其他种子时不必筛选，可用遗传单胚的净种子定义；鸭茅、草地早熟禾、粗茎早熟禾不必经过吹风程序；复粒种子单位应先分离，然后将单粒种子单位分为净种子和无生命杂质；菟丝子属种子易碎，呈灰白至乳白色，列入无生命杂质。

杂质是指除净种子和其他植物种子外的种子单位和其他物质和构造，包括：明显不含真种子的种子单位；甜菜属复胚种子大小未达到净种子定义规定最低大小的种子单位；破裂或受损种子单位的碎片为原来大小的一半或不及一半的；按该种的净种子定义，不将这些附属物作为净种子部分或定义中尚未提及的附属物；种皮完全脱落的豆科、十字花科的种子；脆而易碎、呈灰白色、乳白色的菟丝子种子；脱下的不育小花、空的颖片、内外稃、稃壳、茎叶、球果鳞片、果翅、树皮碎片、花、线虫瘿、真菌体(如麦角、菌核、黑穗病孢子团)、泥土、砂粒、石砾及所有其他非种子物质。

(3)称量与结果计算及报告

将分拣出的其他植物种子和杂质称重，计算种子净度。

$$种子净度(\%)=\frac{试样重量—其他植物种子和杂质重量}{试样重量}\times 100$$

为求得正确的种子净度，应进行至少2次重复，重复所得平均数即为该批种子的净度。

(4)保留净种子

将净度检验分拣的净种子留下供其他种子播种品质项目检验用。

2.3.2　种子发芽势、发芽率的检验

种子发芽力是指种子在适宜条件下能发芽并长成正常幼苗的能力，通常用发芽势和发芽率表示。发芽势是指种子在发芽试验初期规定的天数内(常为初次计数时)正常发芽种子数占供试种子的百分率；发芽率是指种子在发芽试验终期(末次计数时)全部正常发芽种子数占供试种子的百分率。

种子发芽的标准：不同草坪草种子的发芽标准均有一定规定。一般禾本科草坪草种子的发芽标准为幼根长于种子长，幼芽长到种子长的一半；豆科草坪草种子的发芽标准为幼根比种子长，最少有一个子叶与幼根连接。种子不发芽的标准：有芽无根，或根自然抓断后不再生出次生根的、有根无芽、幼芽或幼根发育畸形，或幼根中部纤维状、水肿状、不发芽的种子。发芽势高则表明种子生命力强，种子发芽出苗整齐一致，而种子发芽率高则表示有生命力的种子多。种子发芽力的高低是种子播种质量好坏的重要指标。标准发芽试验程序如下：

(1)试样分取

采用四分法从送验样品中分取试验样品(试样)。将试样净种子充分混匀后，随机分取发芽试验种子。通常小种子可分取400粒种子，每一重复100粒，重复4次；大种子分取200粒种子，每一重复50粒，重复4次。数取种子的方法有传统计数法、数种扳法和真空数种器数种法等。

(2)选择发芽床及种子置床

发芽床是提供指供给种子发芽水分和支撑幼苗生长的基质。种子检验规程规定的发芽床主要有纸床、砂床以及土壤床等。不同草坪草种子标准发芽试验的发芽床均有相应标准规程。一般依据种子检验规程选择适合各种草坪草种子的发芽床，选好发芽床后给其加入适量的清水，然后用人工或数种器将种子置于发芽床上。种子置床时每粒种子在发芽床上应保持足够的距离，以尽量减少相邻种子对种苗发育的影响和病菌的相互感染；还应注水一致，使种子吸水良好，发芽整齐。

(3)发芽器皿贴签

在发芽器皿底盘的侧面贴好标签，写明样品编号、置床日期或注明样品种名及品种名称、重复号次、试验人姓名等，然后盖好发芽器上盖或套一薄膜塑料袋。

(4)置箱培养与管理

按种子检验规程要求将发芽箱调至发芽所需温度，将置床后的培养器皿放置发芽箱的网架上进行恒温或变温发芽。种子发芽期间，每天检查发芽试验情况，根据需要调节光照条件，保持空气流通，以保证适宜的发芽条件。发芽床始终保持湿润，不断添加水分，千万不能使发芽床干涸。温度保持所需温度的±1℃范围。若发现霉菌滋生，应及时清除霉种子并将霉菌洗去。

(5)观察记录

种子发芽试验期间至少应观察记录两次，即首次计数计算发芽势和末次计数计算发芽率。如末次计数为7d以上时，应增加中间计数次数，隔天或每隔两天计数一次，直至末次计数为止。每日定时检查记载种子发芽情况(表2-3)，初次计数和中间计数时，将符合种子检验规程标准的正常种苗，明显死亡的软、腐烂种子取出并分别记录其数目，而末达到正常发芽标准的种苗、畸形种苗和末发芽的种子留在原发芽床或更换发芽床后继续发芽。末次计数时分别记录所有正常种苗、不正常种苗、硬实休眠种子、新鲜休眠不发芽种子和死种子数。复粒或多胚种子单位产生一株以上的正常种苗，仅记录一株种苗。

表2-3 种子发芽试验记载表

<table>
<tr><td>样品编号</td><td colspan="5"></td><td colspan="5">置床日期</td><td colspan="10"></td></tr>
<tr><td>种子名称</td><td colspan="5"></td><td colspan="5">品种名称</td><td colspan="5"></td><td colspan="3">置床种子数</td><td colspan="2"></td></tr>
<tr><td>发芽前处理</td><td colspan="5"></td><td colspan="5">发芽床</td><td colspan="5"></td><td colspan="5">发芽温度</td></tr>
<tr><td rowspan="2">记载
日期</td><td colspan="5">重复Ⅰ</td><td colspan="5">重复Ⅱ</td><td colspan="5">重复Ⅲ</td><td colspan="5">重复Ⅳ</td></tr>
<tr><td>正</td><td>硬</td><td>新</td><td>不</td><td>死</td><td>正</td><td>硬</td><td>新</td><td>不</td><td>死</td><td>正</td><td>硬</td><td>新</td><td>不</td><td>死</td><td>正</td><td>硬</td><td>新</td><td>不</td><td>死</td></tr>
<tr><td></td><td></td><td></td><td></td><td></td><td></td><td></td><td></td><td></td><td></td><td></td><td></td><td></td><td></td><td></td><td></td><td></td><td></td><td></td><td></td><td></td></tr>
<tr><td>小计</td><td></td><td></td><td></td><td></td><td></td><td></td><td></td><td></td><td></td><td></td><td></td><td></td><td></td><td></td><td></td><td></td><td></td><td></td><td></td><td></td></tr>
<tr><td rowspan="6">试验结果</td><td colspan="7">正常种苗</td><td colspan="2">%</td><td colspan="11" rowspan="6">附加说明：</td></tr>
<tr><td colspan="7">硬实休眠种子</td><td colspan="2">%</td></tr>
<tr><td colspan="7">新鲜休眠不发芽种子</td><td colspan="2">%</td></tr>
<tr><td colspan="7">不正常种苗</td><td colspan="2">%</td></tr>
<tr><td colspan="7">死 种 子</td><td colspan="2">%</td></tr>
<tr><td colspan="7">合　计</td><td colspan="2">%</td></tr>
</table>

试验人：

注：“正”代表正常种苗；“硬”代表硬实休眠种子；“新”代表新鲜休眠不发芽种子；“不”代表不正常种苗；“死”代表死种子。

(6)发芽势和发芽率的结果计算

不同草坪草种子的发芽势、发芽率的计算天数不一，应分别按其种子发芽试验技术规程的天数计算。试样种子发芽试验结果以发芽种子占试样种子粒数的百分率表示。即：

发芽势(%)=(发芽初次计数全部正常种苗数/供试种子数)×100

发芽率(%)=(发芽末次计数全部正常种苗数/供试种子数)×100

试样种子发芽试验结果以 4 次重复的平均数表示。当一个试样的 4 次重复(每个重复以 100 粒计，相邻的副重复合并成 100 粒的重复)正常幼苗百分率都在最大容许差距内(参见种子检验规程国家标准)，则认为结果是可靠的，以其平均数表示发芽百分率。不正常幼苗、硬实、新鲜不发芽种子和死种子的百分率按四次重复平均数计算。

(7)重新试验

当种子发芽试验结束后，如果怀疑种子存在休眠(新鲜种子较多)、种子中毒或病菌感染而导致结果不可靠；对种子苗的正确评定发生困难或发现试验条件、种苗评定或计数有差错；如 4 次重复间最低和最高发芽率之差超过容许差距(或出现新鲜不发芽种子较多等规定情况)，则需做第二次试验。第一次试验结果与第二次试验结果之差未超过容许差距(参见种子检验规程国家标准)，则填写二次试验结果的平均值；如两者之差超过容许差距，则以同样方法进行第三次试验，填报未超过容许差距的两次结果的平均值；如果第三次试验仍得不到相一致的结果，则应从人员操作和设备性能查找原因。

(8)种子用价及实际播种量的计算

种子用价是指供检验的种子样品里，含有纯净而又能发芽的种子百分比率。种子用价是决定播种量的依据。其计算公式为：

$$\text{种子用价}(\%)=\frac{\text{种子净度}(\%)\times\text{种子发芽率}(\%)}{100}$$

$$\text{实际播种量}=\frac{\text{假定种子用价}(100\%)\times\text{规定播种量}}{\text{实际种子用价}}$$

2.3.3　种子千粒重的测定

种子千粒重是指种子的千粒重量，对于粒大种子也可以用百粒重(以 g 为单位)来表示。种子千粒重是种子播种品质的一项重要指标。

(1)测定方法

将净度分析后的全部净种子均匀混合，分出一部分作试验样品。种子千粒重测定方法有百粒法、千粒法和全量法三种，测定时可从中任选一种进行测定。

①百粒法：用手或数粒仪从净种子试验样品中随机数取 8 个重复，每个重复 100 粒，分别称重(g)，小数位数与净度分析的规定相同。按下列计算式计算 8 个重复的平均重量、标准差及变异系数。

$$\text{标准差}(S)=\sqrt{\frac{n(\sum X^2)-(\sum X)^2}{n(n-1)}}$$

式中：X 为各重复的重量(g)；n 为重复次数。

$$\text{变异系数}=\frac{S}{\overline{X}}\times 100$$

式中：S 为标准差；$\bar{X}$ 为 100 粒种子的平均重量(g)。

如带有稃壳的禾本科种子变异系数不超过6.0；不带稃壳的其他种类种子的变异系数不超过4.0，则可计算测定的结果。如变异系数超过上述限度，则应再测定 8 个重复，并计算 16 个重复的标准差和变异系数。凡与平均数之差超过两倍标准差的重复略去不计，其余求平均数。

②千粒法：用手或数粒仪从试验样品中随机数取两个重复，大粒种子数 500 粒，中小粒种子数 1 000 粒，各重复称重(g)，小数位数与净度分析的规定相同。两份重复的差数与平均数之比不应超过 5%，若超过应再分析第三份重复，直至达到要求，取差距小的两份计算测定结果。

③全量法：将整个试验样品通过数粒仪，记下计数器上所示的种子数。计数后把试验样品称重(g)，小数位数与净度分析的规定相同。

(2)结果表示与报告

如果是用全量法测定的，则将整个试验样品重量换算成 1 000 粒种子的重量。如果是用百粒法测定的，则从 8 个或 8 个以上的每个重复 100 粒的平均重量($\bar{X}$)，再换算成1 000粒种子的平均重量(即 $10 \times \bar{X}$)。

根据实测千粒重和实测水分，按 GB 4404.1～9—2008 和国家种子质量标准规定的各草坪草种子水分，折算成规定水分的千粒重，计算方法如下：

$$\text{千粒重(规定水分，g)} = \frac{\text{实测千粒重(g)} \times [1 - \text{实测水分(\%)}]}{1 - \text{规定水分(\%)}}$$

其结果按测定时所用的小数位数表示。在种子检验结果报告单“其他测定项目”栏中，填报结果。

(3)千粒重与每千克种子粒数的关系

$$\text{每千克种子粒数} = \frac{1\ 000}{\text{千粒重(g)}} \times 1\ 000$$

2.4 注意事项

①极个别草坪草种子可能有多个胚，为多胚种子；有时极个别草坪草种子因为生长发育过程中的逆境影响，可能发生无胚现象。这与一些植物种子如胡萝卜、芹菜等无胚种子(个别情况下无胚率可达50%)的遗传因素不同。无胚种子缺少胚，不能萌发长成幼苗，无农业利用价值，且在遗传上也不可能传递给后代。

②有些草坪草种子的内部构造可出现一些特化结构，如一些禾本科草坪草种子的盾片、胚芽鞘等。

2.5 实验作业与思考题

①完成所指定草坪草种子外部形态和内部构造的观察和记载。观察比较供辨识的不同草坪草种子的大小(长×宽×厚)、大小、外形、颜色，并观察其种被(皮)表面特征(光滑或由种皮表面凹陷形成的沟、脊、突起与网脉等及由皱、瘤、凹、凸、棱、肋、脉或网等引起的粗糙特征，有无光泽)与种子附属物(翅、刺、毛、芒、钩、冠毛等)特征，将结果记入表 2-1。

②根据草坪草种子标本与参考资料及种子检索表中所列不同类种子特征，写出不同编号

辨识草坪草种子名称；并用铅笔按一定比例简绘指定草坪草种子的外形和纵、横剖面图，并标志出种子内部各部分的名称和位置。

③你认为不同发育阶段，各类植物种子中的贮藏物质会如何变化？如何证明？

④每个同学检测两种草坪草种子的净度、发芽势、发芽率及千粒重，并计算种子用价。

2.6 实验记录与参考资料表

表 2-4 测定种子净度原始记录及计算表

种子名称	重复	试样重量（g）	杂质重量（g）	其他植物种子重量（g）	净种子重量（g）	种子净度（%）
	Ⅰ					
	Ⅱ					
	平均					
	Ⅰ					
	Ⅱ					
	平均					

表 2-5 种子用价及实际播种量的计算表

种子名称	平均净度	平均发芽率/%	种子用价	每亩播种量	
				用价为 100%	实际播量

表 2-6 常用草坪草种子发芽试验技术规程(ISTA，2011)

种名	发芽床	温度(℃)	初次计数天数	末次计数天数	说明(含破除休眠的建议)
狗牙根	TP(纸上)	20～35；20～30	7	21	预先冷冻；硝酸钾；光照
苇状羊茅	TP	20～30；15～25	7	14	预先冷冻；硝酸钾
草地早熟禾	TP	20～30；15～2510～30	10	28	预先冷冻；硝酸钾
红三叶草	TP；BP(纸间)	20	4	10	预先冷冻
白三叶草	TP；BP	20	4	10	预先冷冻；用聚乙烯薄膜袋密封
杂三叶草	TP；BP	20	4	10	预先冷冻；用聚乙烯薄膜袋密封
黑麦草	TP；BP；S(沙中)	20	4	7	预先冷冻；GA_3
结缕草	TP	20～35	10	28	硝酸钾
地毯草	TP	20～30	10	21	硝酸钾；光照

实验3　草坪草营养期的识别

草坪草的植物学分类一般主要依据植株的果实与花序进行植物学鉴定及辨识。而草坪由于频繁的低茬修剪，加之精细的养护管理，使草坪草始终处于旺盛的营养状态，很难利用一般植物学分类方法进行草坪草的鉴定与识别。因此，通过本实验可使学生掌握草坪草营养期的一些主要植物学特征，进而能够通过这些植物学特征识别一些主要草坪草，为草坪建植与养护管理、草坪杂草防除及草坪科学研究奠定基础。

3.1　材料与仪器设备

3.1.1　材　料

各种新鲜草坪草。

3.1.2　仪器设备

草铲与草坪栽培小锄头、铅笔、标签纸、剪刀、放大镜、直尺、镊子、解剖针、体视显微镜、记录本等。

3.2　方法步骤

3.2.1　草坪草的采集

采集5～10种当地常见的草坪草营养期植株样品，应注意防止草坪草植株样品失水导致的草坪萎蔫，可采用整株草坪草鞋挖取后用浸水的吸水纸包根后带回实验室。

3.2.2　草坪草营养器官的识别观察

草坪草营养期植株虽然没有花序、种子等常用来进行植物识别的繁殖器官，但也可依靠一些营养器官的着生方式、质地、大小和形状的变化等进行草坪草营养期的鉴定与识别。草坪草常用于识别的营养器官形态特征有：幼叶卷叠方式、叶舌有无与形状及质地、叶鞘有无与颜色及形状、叶耳有无与形态、叶颈形状与有无毛及多少、有无根状茎与匍匐茎及秆基部颜色、叶片宽窄与叶脉明显与否及叶片项端形状等。

先用肉眼观察供试草坪草营养期的营养器官形态特征，进行草坪草的识别。必要情况下可借助小尺或放大镜或体式显微镜观察，依据草坪草检索表进行草坪草营养期的鉴定与辨识。各草坪草营养器官的形态特征观察结果记入表3-1。

表3-1　草坪草营养器官形态特征记录表

草坪草	营养器官形态特征							
	幼叶卷叠式	叶片	叶鞘	叶舌	叶耳	叶颈	根状茎	匍匐茎

(1)幼叶卷叠方式观察

观察各供试草坪草幼叶在叶鞘里的排列方式(卷旋式和折叠式)(图3-1)。

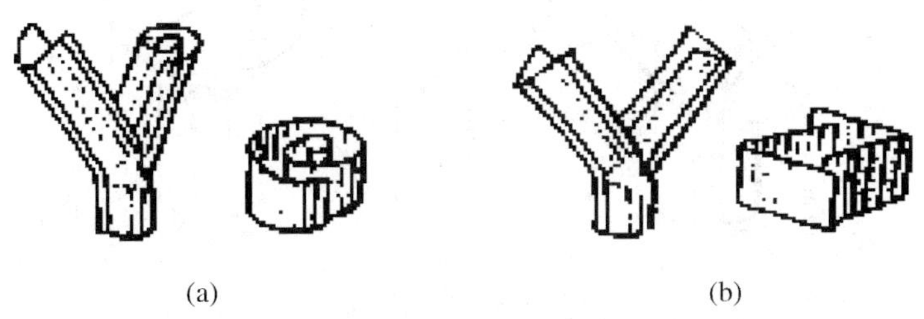

图3-1　幼叶卷叠方式

(a)卷旋式　(b)折叠式

(2)叶舌观察

叶舌是指叶子近轴面，叶片与叶鞘相接处的突出物(图3-2)。观察各供试草坪草叶舌的有无、质地(膜质、纤毛状)、形状(截形、圆形、渐尖、锐尖)、边缘类型(全缘、锯齿、缘毛)、长度等特征。

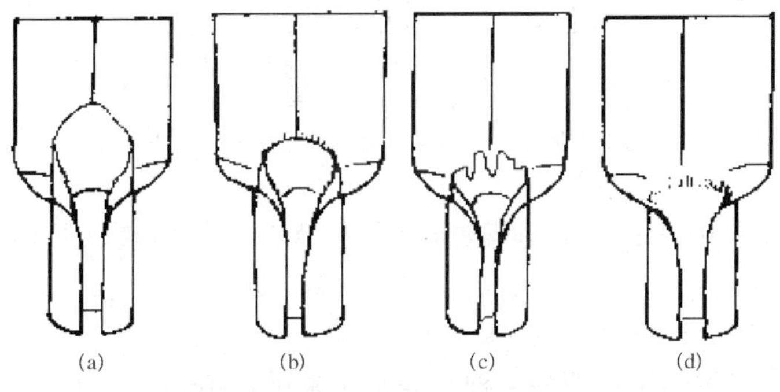

图3-2　叶舌类型

(a)膜质、圆形、全缘叶舌　(b)膜质、截形、缘毛型叶舌

(c)膜质、边缘锯齿型叶舌　(d)纤毛(丝)型叶舌

(3)叶耳观察

叶耳是叶片与叶鞘相接连处两侧边缘下延的附属物(图3-3)。观察各供试草坪草叶耳的有无及形状(爪状、钝圆等)。

(4)叶颈观察

叶颈是结构和外观均与叶片和叶鞘不一样的组织，是位于叶片和叶鞘之间起连接作用的带状部分(图3-4)。观察各供试草坪草叶颈的类型(阔条形、窄条形、间断形等)。

(5)叶片观察

观察各供试草坪草叶片的形状、长度、宽度、质地(细、粗)、叶尖的类型(船形、披针形、钝圆等)、叶片横截面的类型(扁平、V形等)、叶缘类型(光滑、锯齿)等。

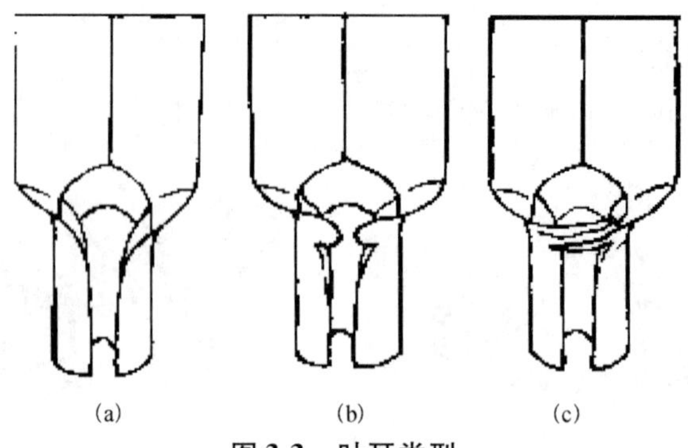

图3-3 叶耳类型

(a)无叶耳 (b)钝圆形叶耳 (c)爪状叶耳 (d)爪状边缘具毛形叶耳

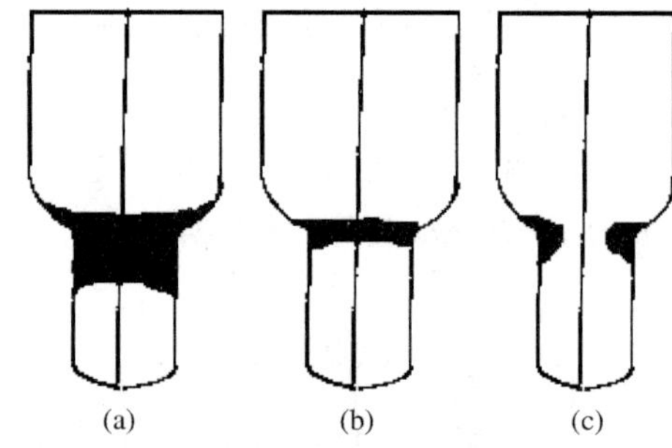

图3-4 叶颈类型

(a)阔条形叶颈 (b)窄条形叶颈 (c)间断形叶颈

(6)叶鞘观察

观察各供试草坪草叶鞘的颜色、横截面的形状(圆形、压扁)及鞘口的形状(开裂、闭合、叠瓦)、等特征。

(7)分生习性观察

观察各供试草坪草根状茎、匍匐茎的有无，发达程度等。

3.2.3 草坪草鉴别

根据观察到的各供试草坪草营养器官的形态特征，借助检索表对供试草坪草进行鉴别。

3.3 实验作业与思考题

2~3个同学一组，观察并描述供试草坪草主要营养器官的形态特征，并根据形态特征对供试草坪草进行识别、鉴定。根据草坪草幼苗检索表，检索供试草坪草的种名，鉴别出不同草坪草的幼苗和株数，并完成实验报告。

3.4 实验参考资料表：常见禾本科草坪草检索表

1. 叶在芽内折叠。
  2. 有叶耳，小或长爪状；叶舌膜质；叶脉显著；叶片下面有光泽，表面暗绿色，宽2~5cm，丛生型 ………………………………………………………… 黑麦草 *Lolium perenne*
  2. 无叶耳。
    3. 有匍匐茎。

4. 叶片窄，在叶片基部形成一个叶鞘，叶鞘显著紧缩。

5. 叶舌为一圈短毛，叶片宽4～10 mm，尖端钝圆或圆形，叶颈光滑无毛 ………………………………………………………………… 钝叶草 *Stenotaphrum helferi*

5. 叶舌膜质，顶端有短的缘毛，叶颈有毛；叶片长3～5 mm，近基部边缘有毛 ……………………………………………………………… 假俭草 *Eremochloa ophiuroides*

4. 叶片基部不紧缩，叶鞘紧缩。

6. 叶舌呈一圈毛状；叶颈窄，稍有毛，叶片和叶鞘光滑或稍有毛。

7. 叶片宽1.5～4 mm；有匍匐茎或根状茎，叶端渐尖 …………… 狗牙根 *Cynoton dactylon*

7. 叶片宽4～10 mm，顶端钝或圆形；无根状茎，节上有毛 …… 类地毯草 *Axonopus affinis*

6. 叶舌很短，膜状；叶片宽4～8 mm，近基部稍有毛；匍匐枝和根状茎短而粗 ……………………………………………………… 百喜草(巴哈雀稗)*Paspalum notatum*

3. 无匍匐茎。

8. 叶片窄，卷旋，被短毛，表面叶脉显著。

9. 有根状茎，秆基部红色；叶舌膜质，较短，叶片光滑 ………………… 紫羊茅 *Festuca rubra*

9. 无根状茎。

10. 叶蓝绿色，宽0.5～1.5 mm；秆绿色或基部粉红色，叶舌膜质，极短，叶鞘开裂 …………………………………………………………………… 羊茅 *Festuca ovina*

10. 叶亮绿色，宽1～2.5 mm；秆基部红色，叶鞘闭合几乎达到顶端 ……………………………………………………………… 紫羊茅(丛生型)*Festuca rubra*

8. 叶片扁平到对折成V形，叶脉不显著。

11. 叶片有船形的尖端，中脉两侧有半透明的线(对光可见)。

12. 无根状茎。

13. 叶片通常亮绿色，叶鞘光滑，基部白色，叶舌膜质，长而尖，通常有孕穗 ………………………………………………………………… 早熟禾 *Poa annua*

13. 有细匍匐枝，叶鞘粗糙不平，叶舌膜质，长而尖 …………… 普通早熟禾 *Poa trivialis*

12. 有根状茎。

14. 叶片尖端渐细到船形，叶鞘明显紧缩，叶舌膜状，较短 ………………………………………………………… 加拿大早熟禾 *Poa compressa*

14. 叶片不渐尖，整片叶子同宽，叶鞘不显著紧缩，叶舌极短，膜质 ………………………………………………………… 草地早熟禾 *Poa pratensis*

11. 叶子无船形的尖端；中脉两侧无半透明的线，通常匍匐生长 ……………………………………………………………………… 蟋蟀草 *Eleusine indica*

1. 叶在芽内卷旋。

15. 有叶耳。

16. 叶鞘基部红色，叶片背面有光泽。

17. 叶耳通常无毛 ……………………………………………………… 草地羊茅 *Festuca elatior*

17. 叶耳和叶颈有少数短毛，叶耳很小 ………………………… 苇状羊茅 *Festuca arundinacea*

16. 叶鞘基部非红色，叶片背面无光泽。

18. 有根状茎，健壮，叶耳长钩状……………………………… 冰草(匍匐型)*Agropyron cristatum*

18. 无根状茎，叶耳长爪状 ……………………………………………… 冰草 *Agropyron cristatum*

15. 无叶耳。

19. 叶鞘圆形。

20. 叶颈稍有毛。

21. 叶鞘无毛。

22. 有匍匐枝，茁壮。

23. 叶颈有长毛，叶舌有遂状毛，叶片宽 2 ~ 5 mm，具根状茎
…………………………………………………………………… 结缕草 *Zoysia japonica*

23. 叶颈毛稀疏，叶片宽 2 ~ 3 mm
…………………………………………………………… 沟叶结缕草 *Zoysia matrella*

22. 无匍匐枝，根状茎弱，叶颈有长毛，叶宽 1 ~ 2 mm
…………………………………………………………… 格兰马草 *Bouteloua gracilis*

21. 叶鞘有毛，无根状茎 ……………………………………………………… 旱雀麦草 *Bromus*

20. 叶颈无毛。

24. 叶舌具细柔毛，叶颈广阔。

25. 有根状茎，叶片光滑 …………………………………………… 细叶结缕草 *Zoysia tenui folia*

25. 无根状茎，有匍匐枝，叶片有毛，宽 1 ~ 3mm，灰绿色 ……… 野牛草 *Buchloe dactyloides*

24. 叶舌膜质，叶颈窄。

26. 叶鞘闭合，几达顶端，叶片宽 8 ~ 12 mm，光滑 ………………… 无芒雀麦 *Bromus inermis*

26. 叶鞘开裂，边缘叠盖，叶舌尖，叶表面具显著脉纹。

27. 匍匐枝无或弱。

28. 叶片宽 3 ~ 7 mm，叶舌长…………………………………………… 小糠草 *Agrostis gigantea*

28. 叶片宽 1 ~ 3 mm，叶舌中等短 ……………………………… 细弱剪股颖 *Agrostis tenuis*

27. 匍匐枝茁壮。

29. 叶片宽 1 mm，叶舌较短 …………………………………… 绒毛剪股颖 *Agrostis canina*

29. 叶片宽 2 ~ 3 mm，叶舌较长，匍匐茎长 ……………… 匍匐剪股颖 *Agrostis stolonifera*

19. 叶鞘背面压扁成脊；叶舌很短，膜质，叶片宽 3 ~ 8 mm，根状茎和匍匐枝短而粗
……………………………………………………… 百喜草（巴哈雀稗）*Paspalum notatum*

实验4　草坪草抗逆性的测定

草坪草逆境又称草坪草胁迫，是指对草坪草生长发育不利的各种环境因素的总称。逆境可分为生物因素逆境(包括病害、虫害和杂草危害等)、理化因素逆境等类型。理化因素逆境包括温度逆境、水分逆境、化学逆境(盐碱地危害、除草剂和化肥的副作用、大气污染、水体污染和土壤污染等)、物理逆境(雪、雹、冰、风、雷、闪电、人员与机具践踏等)、辐射性逆境(离子辐射、可见光过强或过弱照射、红外光与紫外光伤害等)。

草坪草对逆境的抵抗和忍耐能力称草坪草抗逆性。不同草坪草种(品种)的抗逆性存在明显的差异。为满足不同地区生态环境条件下建植草坪的功能要求，必须选择与选育抗逆性较强的草坪草种(品种)。因此，必须掌握草坪草抗逆性的测定方法，以便对草坪建植选择的草坪草种(品种)与草坪草育种过程中选育的草坪草品种(系)的环境适应性和抗逆性进行分析和比较鉴定。通过参加本实验，要求学生掌握草坪草抗旱性、抗寒性和耐热性等常见抗逆性鉴定的基本方法。并且，能够举一反三，了解草坪草其他抗逆性状的测定方法及其作用。

4.1　材料、仪器设备与试剂

4.1.1　材　料

根据不同的抗逆性测定性状与测定目标及方法选用不同草坪草种子与植株及幼苗。

4.1.2　仪器设备

人工智能气候培养箱、蒸馏水器、分光光度计、电导率仪、离心机、电子天平、恒温槽、水浴锅、培养皿、烧杯、漏斗、具塞该度试管、注射器或滴管、离心管、研钵、容量瓶、移液管、盆栽试验塑料盆、小尺、记录本等。

4.1.3　试剂

聚乙二醇($HOCH_2(CH_2OCH_2)\cdot CH_2OH$，Polyethylene glycol，PEG-6000)、脯氨酸、冰乙酸、酸性茚三酮、甲苯、磺基水杨酸等。

4.2　方法步骤

4.2.1　抗旱性的测定

草坪草抗旱性的鉴定方法主要有反复干旱处理以测定草坪草受旱程度与成活率的直接测定法(分盆栽直接测定法与大田试验直接目测法两种方法)、PEG-6000溶液模拟干旱胁迫测定法及在干旱胁迫下测定草坪草生理生化指标变化以鉴定其抗旱性的实验室间接测定法等3种测定方法。根据抗旱性测定试验的操作性难易与准确性，一般认为采取反复干旱处理的直接测定法，更适合作为草坪草抗旱性鉴定方法。而PEG-6000溶液模拟干旱胁迫测定法和在干旱胁迫下测定草坪草生理生化指标变化的实验室测定方法则可迅速得到测定结果，有时还不需进行大田试验，可一年四季进行，但需要具备一定的仪器设备条件才能进行。生产实际中可依据自身条件分别选用适合的草坪草抗旱性测定方法。

(1) 盆栽直接测定法

把试样经选择的草坪草种子用培养器发芽后(芽尖刚露出)点播于盆钵中(内装试验田土壤，并拌入适量腐熟有机肥)。点播时每穴点播 2 ~3 粒种子，每盆 10 穴，试验设置干旱处理组和对照组，各处理均重复 3 次，在露天育苗。草坪草种子播种后适时浇水，保持盆钵土壤湿润，待草坪草种子萌发出苗后，需加强盆钵养护管理，及时除杂草和浇水；齐苗后及时定苗，每个盆钵选定长势一致的草坪草幼苗植物 10 株，其余幼苗则拔除；然后观察盆钵草坪草定植幼苗生长情况，当幼苗生长至三叶期或分蘖(分枝)期时，即可移入用塑料薄膜作为顶盖的旱棚进行干旱处理。

移入旱棚后的盆栽干旱处理的草坪草植株停止浇水，进行第一次干旱处理。当供试植株 50% 以上表现永久萎蔫症状时进行浇水，2 ~3 d 天后调查其成活率。依此类推，反复进行 3 次重复干旱处理之后，比较不同草坪草供试材料在每次干旱处理后的成活率，即可评定不同供试草坪草材料的抗旱性。盆栽干旱对照处理的草坪草材料则采用正常浇水。

(2) 大田栽培直接目测法

当土壤干旱来临时，草坪草因失水而逐渐萎蔫，叶片变黄并干枯。在干旱季节午后日照最强、温度最高时的干旱高峰过后，根据供试各草坪草材料的叶片萎蔫程度，按如下抗旱性标准，分 5 级分别记载各草坪草供试材料的抗旱性。抗旱性级别数值越小，表其抗旱性越强。

“1”级：无受害症状；

“2”级：小部分叶片萎缩，并失去应有光泽，有较少的叶片卷成针状；

“3”级：大部分叶片萎缩，并有较多的叶片卷成针状；

“4”级：叶片卷缩严重，颜色显著深于该品种的正常颜色，下部叶片开始变黄；

“5”级：茎叶明显萎缩，下部叶片变黄至变枯。

(3) PEG-6000 溶液模拟干旱胁迫测定法

PEG-6000 因本身不易渗入活细胞内，不会给草坪草种子内增加营养物质，无毒，但能使活细胞缓慢吸水等优点，常被作为草坪草干旱胁迫的渗透胁迫剂。可通过不同浓度梯度 PEG-6000 模拟土壤干旱胁迫，测定不同供试草坪草材料的种子萌发期的抗旱性差异。其具体测定方法如下：

①干旱胁迫处理：干旱胁迫条件由 PEG-6000 溶液产生。可设 4 种干旱胁迫处理浓度，分别为 5%、10%、15%、20% (w/v)，与之相对应的溶液水势约为 -0.10 MPa、-0.20 MPa、-0.40 MPa、-0.60 MPa，干旱胁迫处理对照(CK)以蒸馏水代替 PEG-6000 溶液。各种干旱胁迫处理均选用各供试草坪草材料的 25 粒种子，每个培养皿中加入 5 mL 相对应浓度的 PEG-6000 溶液，3 次重复，然后置于光照强度为 5 000 lx，湿度为 50% 的人工智能气候培养箱，15℃(16 h) ~25℃(8 h)变温处理。每天向培养皿中加入补充因蒸发损失的相对应浓度的适量 PEG-6000 溶液，以保证每个处理水势的稳定性。

②测定指标与方法：从各供试草坪草材料的种子置床之日起观察，按标准试验的发芽标准确定发芽种子，以 3 个重复中有 1 粒种子发芽之日作为该处理发芽的开始期，以后每天定时记录每个处理的发芽种子数，当连续 4 d 不再有种子发芽时作为该处理发芽的结束期。在

草坪草种子标准发芽试验末次计数日或第10～14 d，从各重复中随机挑选10粒正常发芽的种子，测量新生胚根和胚芽的长度。发芽结束后，按如下公式计算发芽率、发芽势、发芽指数和活力指数：

$$发芽率(GR,\%)=(标准发芽试验末次计数日正常发芽种子数/供试种子数)\times 100$$

$$发芽势(GP,\%)=(标准发芽试验初次计数日正常发芽的种子数/供试种子数)\times 100$$

$$发芽指数(GI)=\Sigma(Gt/Dt)$$

式中：Gt为t日的发芽数；Dt为相应的发芽天数。

$$活力指数(VI)=GI\times Sx$$

式中：GI为发芽指数；Sx为种苗芽平均长度(cm)。

为消除各供试草坪草材料间的发芽特性差异，对参与分析的各供试草坪草材料的各种发芽性状指标均采用相对值，即干旱胁迫下的指标值/对照的指标值。各供试草坪草材料的各种发芽性状指标值越低，表明其抗旱性越弱。

(4)实验室间接鉴定法

实验室间接测定法是指测定干旱胁迫下各供试草坪草材料的生理生化指标变化以鉴定其抗旱性强弱的方法。其中，最常用的是脯氨酸分析鉴定法。

干旱胁迫条件下，草坪草植株体内的脯氨酸含量会发生变化。一般情况下，抗旱性强的草坪草的脯氨酸维持积累的时间长，积累量大，数量变化平缓；抗旱性弱的草坪草的脯氨酸维持积累的时间短，积累量小，数量变化剧烈。据此可通过测定干旱胁迫时各供试草坪草材料的脯氨酸含量的变化情况鉴定供试草坪草材料的抗旱性强弱。

把供试草坪草幼苗按不同固定时间段间隔(如3 d、6 d、9 d、12 d、15 d、18 d)进行干旱胁迫处理，然后将各处理草坪草材料分批次取样，分别测定各批次草坪草叶片的游离脯氨酸含量。分析各供试草坪草材料的叶片游离脯氨酸变化特征，从而推断各供试草坪草材料的抗旱性强弱。草坪草叶片游离脯氨酸含量的测定方法如下：

①标准曲线的绘制：A. 用分析天平精确称取25 mg脯氨酸，倒入小烧杯内，用少量蒸馏水溶解，然后倒入250 mL容量瓶中，加蒸馏水定容至刻度，配成的脯氨酸标准原液浓度为每mL溶液含脯氨酸100 μg。

B. 系列浓度标准脯氨酸溶液的配制。取6个50 mL容量瓶，分别盛入脯氨酸标准原液0.5 mL、1.0 mL、1.5 mL、2.0 mL、2.5 mL及3.0 mL，用蒸馏水定容至刻度，摇匀，各瓶标准脯氨酸溶液浓度分别为1 μg/mL、2 μg/mL、3 μg/mL、4 μg/mL、5 μg/mL及6 μg/mL。

C. 取6支试管，分别吸取2 mL系列标准浓度的脯氨酸溶液及2 mL冰乙酸和2 mL酸性茚三酮溶液，每管在沸水浴中加热30 min。

D. 各试管冷却后准确加入4 mL甲苯，充分振荡30 S，以萃取红色物质，使色素全部转至甲苯溶液。

E. 静置片刻，待分层后，用注射器轻轻吸取各管上层脯氨酸甲苯溶液至比色杯中，以甲苯溶液为空白对照，于520 nm波长处进行比色。

F. 标准曲线的绘制：先求出光密度OD值(Y)依脯氨酸浓度(X)而变的回归方程式，再按回归方程式绘制标准曲线，计算2 mL测定液中脯氨酸的含量(μg/2mL)。

②样品游离脯氨酸含量测定：A. 取0.05～0.5 g供试草坪草叶片，用3%的磺基水杨酸

溶液研磨提取，磺基水杨酸的最终体积为5 mL。匀浆液转入玻璃离心管中，在沸水浴中浸提10 min。冷却后，以3 000 r/min离心10 min，取上清液待测。

B. 取2 mL上清液，加入2 mL水，再加入2 mL冰乙酸和2 mL酸性茚三酮溶液，沸水浴中加热30 min，后续步骤按标准曲线制作方法程序进行甲苯萃取和比色，根据比色结果查标准曲线，求得样品的脯氨酸含量。依据绘制的各样品叶片的游离脯氨酸变化图，确定各供试样品抗旱性的强弱。

4.2.2 抗寒性的测定

草坪草的抗寒性是指草坪草对低温的抵抗能力。草坪草抗寒性的测定方法主要有大田越冬率测定法和细胞抗冻性测定法两种。

(1)越冬率测定法

草坪土壤结冻前，在当年播种成坪或成年草坪的试验圃中选取2~5个50 cm×50cm的样方，统计每个样方的草坪草植株数，次年春季草坪返青后，统计每个样方内的存活草坪草植株数，计算供试草坪草材料的越冬率。草坪草的越冬率越高，表明其抗寒性越强。

$$越冬率(\%)=存活草坪草植株数/草坪草总植株数\times100$$

(2)细胞抗冻性测定

剪取供试草坪草材料盆栽条件下的草坪草叶片1 g，称重后用蒸馏水洗净，滤纸吸干，放入设置好胁迫低温的低温槽中放置24 h，取出后放在苯乙烯制的容器中，加入重蒸馏水50 mL进行浸渍处理，2~6 h后对浸渍液进行电导率的测定，供试草坪草材料浸渍液的电导率越大，表明供试草坪草材料的抗寒性越弱。

4.2.3 抗(耐)热性的测定

草坪草的抗(耐)热性是指草坪草对高温的抵抗能力。测定草坪草抗热性的方法主要有大田越夏率测定法和细胞耐热性测定法两种。

(1)越夏率测定法

进入夏季高温前，在供试草坪材料成年草坪或当年春天播种成坪的试验圃中选取2~5个50cm×50cm的样方，统计每个样方的草坪草植株数，在夏末秋初前后，统计每个样方内的存活草坪草植株数，计算各供试草坪草材料的越夏率。草坪草的越夏率越高，表明其抗热性越强。

$$越夏率(\%)=存活草坪草植株数/草坪草总植株数\times100$$

(2)细胞耐热性测定

剪取供试草坪草材料盆栽条件下的草坪草叶片，称重后用蒸馏水洗净，滤纸吸干，放入设置好胁迫高温的恒温槽中放置24 h，取出后放在苯乙烯制的容器中，加入重蒸水50 mL进行浸渍处理，2~6 h后对浸渍液进行电导率的测定，供试草坪草材料浸渍液的电导率越大，表明供试草坪草材料的耐热性越弱。

4.2 实验作业与思考题

①比较早熟禾、高羊茅、翦股颖、黑麦草、三叶草等不同冷季型草坪草种或相同冷季草坪草种不同品种的抗旱性和耐热性的大小并排序。

②比较结缕草、狗牙根、钝叶草、假俭草等不同暖季草坪草种或相同暖季草坪草种不同品种的抗寒性的大小并排序。

实验5　草坪草的水分与干物质测定

草坪草水分与干物质含量是草坪草生长发育状况好坏的生物学与生理生态学指标。通过本实验的学习，要求学生掌握草坪草水分与干物质含量的测定方法及其计算方法，并了解不同草坪草种及其不同器官和不同生育时期的水分含量变化情况。

5.1　原　理

草坪草中的营养物质包括有机物质和无机物质均存在于干物质中，测定草坪草植株的水分含量就可计算出其干物质含量。以草坪草植株总量为100%，减去其水分含量%，即为草坪草植株中干物质含量%。草坪草水分测定的方法很多，可概括为烘干减重测定法和其他测定法。烘干减重测定法为草坪草水分测定的一般常用方法，也是草坪草种子水分测定的标准方法，草坪草种子水分正式检验报告需用此法；其他测定方法主要包括电子仪器快速测定法、卡尔费休水分测定法(滴定法)与甲苯蒸馏法，其中电子仪器快速测定法利用电子仪器，如电容式、电阻式水分测定仪，在草坪草科学研究及生产实际中，为了快速测定草坪草水分可应用此方法。

草坪草水分测定的烘干减重法，包括低恒温烘干法、高温烘干法和高水分试材预先烘干法。烘干减重法的原理是干燥箱箱内空气的温度升高，湿度降低，草坪草样品在高温低湿下，试样内水分受热汽化，样品内部蒸汽压大于样品外部(箱内)的蒸汽压，因此样品内水分不断向外扩散到箱内空气中，并通过烘箱的通气孔不断向外扩散。根据试样样品烘干后减轻的重量即可计算样品含水量。

如需了解草坪草水分测定的电子仪器快速测定法、卡尔费休水分测定法(滴定法)与甲苯蒸馏法的原理则可参考相关仪器说明书及相关教科书。

5.2　材料与仪器设备

5.2.1　材　料

结缕草、狗牙根、假俭草、钝叶草、海滨雀稗、野牛草、地毯草、马蹄金、早熟禾、高羊茅、紫羊茅、多年生与一年生黑麦草、翦股颖、白三叶、红三叶等草坪草种及其若干品种的植株或茎、叶、根、花或干种子。

5.2.2　仪器设备

(1)恒温烘箱

①电热恒温干燥箱(电烘箱)：主要有温度计式(中间插入，200℃)和液晶式两种类型。②真空干燥箱：装有可移动多孔的铁丝网架或不锈钢板和可测量0.5℃的温度计。

(2)粉碎(磨粉)机

粉碎(磨粉)机为电动粉碎机，常用的为滚刀式，备有0.5 mm、1.0 mm和4.0 mm的金属网筛。

(3) 分析天平

分析天平为称量快速(数字式)，感量应达到 0.000 1 g。

(4) 样品盒

样品盒常用的是铝盒，盒与盖有相同的号码。规格一是直径为 4.6 cm；高 2 ~ 2.5 cm，盛样品 4.5 ~ 5 g；二是中型样品盒，直径≥8 cm，一般用于高水分种子预先烘干。

(5) 干燥器和干燥剂

干燥器和干燥剂用于冷却经过烘干的样品，防止回潮，盖上要涂上凡士林。内放干燥剂变色硅胶，未吸湿前为蓝色；吸湿后为红色。吸湿后的变色硅胶要烘干将水分除去，烘干温度 70℃，时间以呈蓝色为准。

(6) 其他

样品筛(40、60、100 目筛孔)、瓷盘、剪刀、镰刀、菜刀、磨口瓶、牛角匙、粗纱线手套、毛笔、坩埚钳等。

5.3 方法步骤

5.3.1 低恒温烘干法

低恒温烘干法即 103℃ ±2℃、8 h 一次烘干法。必须在相对湿度 70% 以下的室内进行，否则结果偏低。适用于水分含量较低的草坪草样品的水分测定。其测定程序如下。

(1) 样品处理

首先，混匀送验样品：可用匙在样品罐内搅拌或将样品罐的罐口对准另一个同样大小的空罐口，来回倒种子 3 次。然后，草坪草粗大粒样品必须磨碎才能烘干测定水分，小粒样品可不进行磨碎处理，直接烘干。从样品中取出两个独立的试验样品 15 ~ 25 g，按规定进行磨碎处理，样品处理后，将样品立即装入磨口瓶，并密封备用。

(2) 铝盒恒重

草坪草水分测定前预先准备。将铝盒于 130℃ 的条件下烘干 1 h，取出后冷却称重，再继续烘干 30 min，取出后冷却称重，当两次烘干结果误差≤0.002 g 时，取两次平均值；否则，继续烘干至恒重。

(3) 样品称重

先将烘干的样品盒称重，记下盒号。将处理好的草坪草样品在瓶内混匀，用感量 0.000 1 g 的天平，称取试样。需取 2 个重复的独立试验样品，一般 4.500 ~ 5.000 g 两份。必须使试验样品在样品盒的分布为每平方厘米不超过 0.3 g，放在盒内摊平。取样勿直接用手触摸样品，而应用勺或铲子。

(4) 烘干称重

烘箱通电预热至 110 ~ 115℃，打开箱门使温度下降，将样品盒摊平放入烘箱内的上层，样品盒距温度计的水银球约 2.5 cm 处，迅速关闭烘箱门，使箱温在 5 ~ 10 min 内回升至 103℃ ±2℃时开始计算时间，烘 8 h。用坩埚钳或戴上手套盖好盒盖(在箱内加盖)，取出后放入干燥器内冷却至室温，约 30 ~ 45 min 后再再连同样品一起称重。

(5) 结果计算

根据烘后失去水的重量按下式计算草坪草样品水分百分率，称重单位为 g，保留 1 位小数。

草坪草样品水分(%)=[(样品盒盖及样品烘前重－样品盒盖及样品烘后重)/(样品盒盖及样品烘前重－样品盒盖重)]×100

(6)容许差距与结果报告

相同样品两次重复间的差距≯0.2%($X_1 - X_2 \leq 0.2\%$)，否则应重做。结果填报在检验结果报告的规定空格中，用平均数表示，精确度为0.1%。

5.3.2 高温烘干法

高温烘干法适于非油分草坪草试样。其测定方法与上述低恒温烘干法相同，但烘干的温度与时间不同。烘箱预热到140～145℃，打开箱门放好样品盒，在5～10 min内调到130～133℃，烘1 h，取出冷却称重。

5.3.3 高水分样品预先烘干法(两次烘干法)

(1)适于草坪草样品种类

因为高水分草坪草样品难以磨碎到规定的细度；磨碎时水分容易散发，影响水分测定结果的正确性。故先将粗大粒草坪草样品作初步烘干，然后进行磨碎或切片，测定其水分含量。高水分样品预先烘干法适用于需磨碎的高水分草坪草样品；不需磨碎的小粒样品含水量高可直接烘干，不用此方法；禾本科草坪草样品水分超过18%，豆科草坪草样品水分超过16%，必须采用预先烘干法。

(2)测定方法

称取相同样品两份试样各25.00 g±0.02 g(1/100 g天平)→置于直径>8 cm的样品盒中→在103℃烘箱中预烘30 min(油脂含量较高的草坪草样品70℃预烘1 h)→取出后冷却称重，计算水分值(S_1)。然后立即将这2个半干样品分别磨碎，并将磨碎物各取1份样品→按低恒温烘干法或高温烘干法，第二次测定水分(S_2)→按下式计算样品水分。

$$样品水分(\%)=S_1+S_2-\frac{S_1\times S_2}{100}$$

式中：S_1为第一次粗大粒样品烘后失去的水分(%)；S_2为第二次磨碎样品烘后失去的水分(%)。

5.4 注意事项

(1)草坪草水分的性质以及与水分测定的关系

草坪草水分通常有自由水(游离水)和束缚水(结合水)两种存在状态。由于草坪草自由水易受外界环境条件的影响，所以，在草坪草水分测定过程中，应采取一些措施尽量防止草坪草样品水分的丧失。如草坪草送验样品必须装在防湿容器中，并尽可能排除其中的空气；样品接收后立即进行样品水分检验；测定过程中的取样、磨碎和称重需操作迅速；避免样品磨碎时的水分蒸发等。不需磨碎样品的取样与称重过程所需时间不得超过2 min。尤其对高水分样品更应注意，否则会使样品水分测定结果偏低。如果样品接收当天不能测定，应将样品贮藏在4～5℃的冰箱中，不能在低于0℃的冰箱中贮存。需磨碎的高水分样品应用高水分预先烘干法。草坪草样品烘干时，自由水很快蒸发，而束缚水被样品内胶体结合缓慢散失。因此，必须适当提高温度(如130℃)或延长烘干时间才能把这种水分蒸发出来。

(2)草坪草样品内含物以及与水分测定的关系

草坪草样品水分测定必须保证其自由水和束缚水全部除去，同时要尽可能减少样品中其他挥发性物质的损失，应注意烘干温度和时间。草坪草样品内含物与其水分测定存在密切关系：

①样品化合水(组织水)通常是指将样品有机物分解产生的水分，其在样品中并不以水分子形式存在，而是样品中某些化合物的组成部分(如样品内糖类中的 H 和 O 元素)，失掉这种水分，化合物就会分解变质。样品检验的水分测定用 103℃低温烘干法时，其化合水不会受影响；应用 130 ~ 133℃高温烘干法时，如果时间过长(>1 h)，或温度过高(>133℃)，样品中含化合水的有机物就会被分解，使样品烘成焦黄色并分解释放出化合水，使样品水分测定结果偏高。因此，采用高温烘干法时，必须严格掌握规定的温度和时间。

②如果有些草坪草样品含有较高的油分，油分沸点较低，尤其是芳香油含量较高的样品，当温度过高就易挥发，烘后失重增加，测定的样品水分结果就会偏高。所以这类样品应采用 103℃低恒温法测定。

③草坪草水分测定的仪器测定法的具体操作步骤要严格按照所用水分测定仪的说明书操作。

5.5 实验作业与思考题

①简述草坪草水分测定的作用及其烘干减重法的原理?

②总结低温法、高温法、预烘法测定草坪草水分的操作要点及注意事项?

③现有 1 份高水分草坪草送验样品，第一次取整粒试样 25.00 g，预烘后为 23.27 g；第 2 次取磨碎试样 5.000 g，烘后重量为 4.355 g。求该草坪草样品的水分含量?

④草坪草高水分样品预先烘干法的样品水分含量计算，为何不能将第一次粗大粒样品烘后失去的水分(S_1,%)与第二次磨碎样品烘后失去的水分(S_2,%)直接相加?

⑤如何计算草坪草新鲜样本中的干物质含量%？

⑥综合邻组草坪草样品水分含量测定实验结果，比较相同实验材料产生误差的原因以及不同草坪草种及其品种和不同生育期的含水量变化情况。

实验 6　草坪草的可溶性糖与蛋白质含量测定

可溶性糖与蛋白质是草坪草植株及其种子的重要有机物，其含量和变化因草坪草种及其品种、建植与养护管理生态条件及生长发育状况不同而表明明显差异。因此，草坪草可溶性糖与蛋白质含量测定，对草坪草生物学与生态学研究、草坪建植与养护管理及其草坪草种子生产、贮藏加工及综合利用均具有重要的指导作用。本实验通过学习和掌握蒽酮比色法测定草坪草可溶性糖含量的方法，了解草坪草可溶性糖含量测定方法步骤；同时了解不同草坪草种与品种及不同器官与生长发育时期可溶性糖含量的差异。同时，本实验的目的要求学生学习掌握测定蛋白质含量的凯氏(Kjeldhl)法与考马斯亮蓝结合法；了解不同草坪草种与品种与及其不同器官、不同生长发育时期的蛋白质含量差异；了解草坪草蛋白质含量测定的理论和实际意义，为今后从事草坪学研究打下基础。

6.1　原理

糖类经浓硫酸处理后脱水生成糠醛或其衍生物。蒽酮能与糠醛或其衍生物缩合产生深蓝色物质，其在可见光 620 nm 波长处有最大吸收峰，且其光密度 OD 值在一定范围内与糖的含量成正比。能与蒽酮发生颜色反应的糖类包括木糖、核糖和阿拉伯糖等五碳糖；葡萄糖、果糖、半乳糖和甘露糖等六碳糖；蔗糖、糖原、多缩葡萄糖和糖苷等。植物种子中的可溶性糖主要是指溶于水及乙醇的单糖和寡糖。因此，蒽酮比色法可用于草坪草可溶性糖含量的测定，并具有灵敏度高、简便快捷和适于微量样品测定等优点。

草坪草蛋白质根据其不同理化性质，具有多种蛋白质定量方法。蛋白质测定方法一般可分为间接法和直接法两大类。间接法是指根据各种草坪草样品中蛋白质的含氮量是恒定的，通过测定样品中蛋白质的含氮量而推算出蛋白质含量的方法。主要有凯氏法、萘氏法、次氯酸盐法等。间接法测定时，其样品制备方法一般是将样品粉碎后，用适量浓硫酸消化，使其中的氮变成铵盐，然后进行测定。直接法是指根据蛋白质的物理化学性质，直接测定蛋白质的方法。主要有紫外吸收法、折射法、双缩脲法、Folin-PHenol 法、染料结合法等。直接法测定时，其样品制备方法一般是将样品粉碎后，用适当的溶剂提取蛋白质。如清蛋白的常用提取溶剂是中性和微酸性的水。提取液与残渣的分离用离心法或过滤法。如果要对蛋白质各组分进行分离，亦可用层析后连续洗脱测定及其他方法。

凯氏法是草坪学研究测定蛋白质含量的经典方法，可得出精确的结果，最低可测出 0.3 mg 左右蛋白质。缺点是凯氏法操作比其他方法烦杂费时；此外，样品中含有共存的非蛋白态氮化合物时，必需除去。凯氏法是蛋白质含量测定间接方法中的一种，也是国际谷物化学协会(ICC)、美国分析化学协会(AOAC)、美国谷物化学协会(AACC)等与中国等国家的谷物及食品蛋白质含量测定的标准法。近年该方法不断得到改进，微量法和半微量法代替了常量法，其测定结果比较准确，取样少，用试剂少，用于样本消化和蒸馏时间较短。此外，仪器分析代替了手工操作，并逐步向仪器自动化方向发展。常用的蛋白质凯氏定氮分析仪器有：瑞典 Tecator 公司生产的 Kjeldhalsystem 凯氏定氮仪，美国 Trebor 公司生产的 Trebor 70 和 80 蛋白质分析分析仪等。此外，我国江苏宜兴科教研究所等也研研出了多功能快速消化器、凯氏定氮仪蒸馏装置等凯氏定氮蛋白质测定仪器设备。

草坪草的含氮物质包括有蛋白质氮和非蛋白质氮两大类。因此，凯氏法一般测定的总氮量为包括蛋白质氮和非蛋白质氮两类含氮物质的总氮量，因而称为粗蛋白质含量。如果有必要，可使用三氯乙酸溶出草坪草（或脱脂）材料样品中的非蛋白氮化物（氨基酸、酞胺和无机氮），沉淀样品中的蛋白质并使两者分离。然后，加浓硫酸消煮分解样品，使其蛋白氮转化为铵态氮，并与硫酸结合生成硫酸氨。为加快草坪草样品有机物的分解，加速消化过程的进行，在消化时通常可在硫酸内加入硫酸铜（如还混合加入硒粉 SeO_2 或 Na_2SeO_4，则效果更佳）作摧化剂；加入硫酸钾可提高溶液之沸点，纯硫酸的沸点为 317℃，加硫酸钾（或硫酸钠）后，沸点增至 325 ~ 341℃，可加速消化过程。消化完成后，加入过量的碱（浓 NaOH）蒸馏，将硫酸氨的态氮 NH_4^+ 转变为氨气（NH_3），通过蒸馏把氨气导入过量的硼酸溶液中吸收，再用标准盐酸滴定，直到硼酸溶液恢复原来的氢离子浓度。在等当点时，溶液中有 NH_4Cl 和 H_3BO_3，pH 约为 5，可以用甲基红或甲基红 + 溴甲酚绿（或甲基红 + 次甲基蓝）混合指示剂指示等当点。使氨释放出来并吸收于一定量的硼酸中，再用标准酸滴定，求出草坪草样品中氮含量，乘以蛋白质系数，即可得到蛋白质含量。不同来源的蛋白质含氮量不同，因此，不种草坪草材料的蛋白质系数也有差异。一般草坪草有机物蛋白质的含氮量为 16%，其 16% 的倒数即蛋白质系数为为 6.25。

考马斯亮蓝结合法是依据考马斯亮蓝 G-250 这种染料的磷酸溶液呈棕红色，其最大吸收峰为 465 nm，它与蛋白质的疏水微区相结合形成复合物时呈蓝色，其最大吸收峰改变为 595 nm，故可用比色法测定种子蛋白质浓度。该方法具有灵敏度较高的特点，但种子样品蛋白质浓度应控制在 10 ~ 100 μg 为宜，否则考马斯亮蓝能与蛋白质结合物的光密度与其蛋白质含量不呈线性关系。此外，一些阳离子如 K^+、Na^+、Mg^{2+} 和乙醇等物质对该方法的测定无影响，但大量的去污剂如 SDS 等会严重干扰测定。考马斯亮蓝法是比色法与色素法相结合的复合方法，简便快捷，灵敏度高，稳定性好，是一种较好的草坪草蛋白质含量测定常用方法。

6.2 材料、仪器设备与试剂

6.2.1 材料

结缕草、狗牙根、假俭草、钝叶草、海滨雀稗、野牛草、地毯草、马蹄金、早熟禾、高羊茅、紫羊茅、多年生与一年生黑麦草、翦股颖、白三叶、红三叶等草坪草种及其若干品种的植株或茎、叶、根、花或干种子。

6.2.2 可溶性糖测定的仪器设备与试剂

（1）仪器

分光光度计、分析天平（感量 0.001 g）、烘箱、水浴锅、20 mL 具塞刻度试管、微量移液器、容量瓶、烧杯、研钵、玻璃漏斗、滤纸、记号笔等。

（2）试剂

①蒽酮试剂：称取分析纯蒽酮 1 g，溶于 1 000 mL 稀硫酸溶液中。稀硫酸溶液由 760 mL

浓硫酸(比重1.84)加水稀释成1 000 mL而成，待冷却至室温后才能加入蒽酮。配好的蒽酮试剂应呈橙黄色，装入棕色瓶于冰箱中避光存放，一般现配现用。

②1 mg/mL葡萄糖标准原液与200μg /mL葡萄糖标准溶液：准确称取已在80℃烘箱中烘至恒重的分析纯葡萄糖100 mg置于烧杯中，以少量蒸馏水溶解，加5 mL浓硫酸(杀菌作用)后，以蒸馏水定容至100 mL，即成1 mg/mL葡萄糖标准原液。制作葡萄糖标准曲线时，可取10 mL的1 mg/mL葡萄糖标准原液用蒸馏水定容至50 mL即成200μg /mL葡萄糖标准溶液。

③乙醚；饱和醋酸铅溶液；草酸钠等。

6.2.3 蛋白质测定的仪器设备与试剂

(1)凯氏法

①仪器设备

分析天平(感量0.000 1 g)，消煮炉，改良式半微量定氮仪或自动凯氏定氮仪，通风柜，凯氏瓶或消化管(50 mL)，容量瓶(100 mL)，三角瓶(150 mL)，酸式滴定管(25 mL)，移液管或移液器(5 mL)，洗瓶，滴管，洗耳球，量筒(10或25 mL)，康维皿，玻璃盖，恒温箱，胶管等。

②试剂：A. 浓硫酸+过氧化氢+水混合液(2:3:1)：在100 mL蒸馏水中缓慢加入浓硫酸200 mL，冷却后再加入30%过氧化氢300 mL，混匀备用。此液存放阴凉处可保存1个月。

B. 混合催化剂：10 g硫酸铜($CuSO_4 \cdot 5H_2O$)，40 g K_2SO_4或Na_2SO_4，在研钵中研细磨碎，使其通过40目筛，并均匀混合后备用。可用分析纯或化学纯试剂。还可加硒粉0.2 g，混匀。

C. 40%(40 g/100 mL)氢氧化纳溶液：40 g分析纯氢氧化纳溶于蒸馏水，稀释至100 mL。

D. 2%棚酸溶液：2 g分析纯硼酸溶于蒸馏水，稀释至100 mL。

E. 0.01 mol/L盐酸标准溶液：用一般盐酸配制需进行准确标定，先取0.9 mL盐酸(GB622，分析纯)注入1 000 mL蒸馏水，再用邻苯二甲酸氢钾法进行标定。如用恒沸盐酸配制标准溶液，无需标定，1.75 mL的5.7 mol/L恒沸盐酸用蒸馏水稀释至1 000 mL即为0.01 mol/L盐酸溶液。恒沸盐酸的制备方法：将化学纯以上规格浓盐酸与同体积蒸馏水置磨口瓶蒸馏装置中蒸馏，收集108.5℃馏出液(气压760 mmHg)，即得5.7 mol/L盐酸液。

F. 混合指示剂：A. 甲基红乙醇溶液：0.1 g甲基红溶于75 mL95%乙醇中(先将0.1g甲基红置于研钵中，加入少许95%乙醇研磨)；B. 次甲基蓝乙醇溶液：0.1 g次甲基蓝溶于80 mL 95%乙醇中。临用时将上述甲基红乙醇溶液与次甲基蓝乙醇溶液按2:1比例混合即成。在酸性条件下呈紫红色；在pH5.5时溶液无色；在碱性呈绿色。也可使用由0.2%甲基红—乙醇溶液1份和0.2%溴甲酚绿—乙醇溶液5份配混合指示剂(最好临用时混合，存于避光阴凉处可保存3个月)，终点为灰红色。

(2)考马斯亮蓝法

①仪器设备：分析天平，离心机，分光光度计，10 mL具塞刻度试管，0.1 mL、1 mL、5 mL的吸管各1、2、1支，研钵，漏斗，离心管，25 mL容量瓶等。

②试剂：A. 100 μg/mL标准蛋白质溶液：称取10 mg牛血清白蛋白，溶于蒸馏水并定容至100 mL，制成100μg/mL的标准牛血清白蛋白溶液。

B. 0.01%(w/v)考马斯亮蓝G-250(Coomassie Brilliant Blue G-250)溶液：称取100 mg考马斯亮蓝G-250，溶于50 mL 95%乙醇中，加入85%的磷酸缓冲液(pH 7.0)100 mL，充分摇匀

后，用蒸馏水定容至 1000 mL，贮存在棕色瓶中。此溶液在常温下可放置一个月。

6.3 可溶性糖测定的方法步骤

6.3.1 葡萄糖标准曲线的制作

①取 6 支 20 mL 具塞刻度试管编号，按表 6-1 要求加入 200 μg/mL 葡萄糖标准溶液和蒸馏水，配制成一系列不同浓度的标准葡萄糖标准溶液。

表 6-1 不同浓度标准葡萄糖溶液配制需要加入的试剂量及其终浓度

试剂	管号					
	1	2	3	4	5	6
200μg /mL 葡萄糖标准溶液(mL)	0	0.2	0.4	0.6	0.8	1
蒸馏水(mL)	1	0.8	0.6	0.4	0.2	0
葡萄糖溶液浓度(μg/mL)	0	40	80	120	160	200

②在不同浓度的标准葡萄糖标准溶液的各管中分别加入 5 mL 蒽酮试剂，摇匀后，打开试管塞，置沸水浴中煮沸 10 min，为防止水分蒸发，可在试管口放置一玻璃球。将试管从沸水浴取出后，立即放入自来水中冷却至室温，在 620 nm 波长下比色，测定各管溶液的光密度 OD 值。

③以不同浓度的标准葡萄糖标准溶液的光密度 OD 值为纵坐标，以葡萄糖含量为横坐标，绘制标准曲线，并求出标准线性方程。

6.3.2 样品可溶性糖的提取

①准确称取新鲜种子剪碎样品或成熟种子粉末 0.10 ~ 0.50 g，于研钵中研磨至匀浆，研磨时加少许乙醚脱脂。

②用 30 ~ 40 mL 70℃的蒸馏水将研钵内匀浆全部洗入 100 mL 容量瓶中。将容量瓶置于 70 ~ 80℃的水浴中 30 min，取出冷却后逐滴加入饱和中性醋酸铅溶液直至不形成白色沉淀，以去除提取液中的蛋白质。

③然后用蒸馏水定容至刻度，充分摇匀后用干燥漏斗过滤，过滤液放于一个约有 0.3 g 草酸钠粉末的干燥三角瓶中，再将三角瓶中溶液过滤，除去草酸铅沉淀，即可得到透明的待测液。

6.3.3 显色测定

用移液器吸取样品待测液 1 mL 于 20 mL 刻度试管中(重复 2 次)，加蒽酮试剂 5 mL，轻轻振荡摇匀，立即将试管放入沸水浴中，逐管准确保温 10 min，取出后自然冷却至室温，以空白作对照，在 630 nm 波长下测其光密度 OD 值 。

6.3.4 样品可溶性糖含量计算

首先根据样品光密度 OD 值从标准曲线上查出相应的葡萄糖含量(μg /mL)，再按下列公式计算草坪草样品中可溶性糖含量，结果取重复的平均值。

$$可溶性糖含量(\%) = [(C/A) \times V \times n]/(W \times 1000) \times 100\%$$

式中，C 为标准方程求得的葡萄糖含量(μg /mL)；A 为吸取样品液体积(mL)；V 为提取液量(mL)；n 为稀释倍数；W 为样品重量(g)。

6.4　蛋白质测定的方法步骤

6.4.1　凯氏法

(1)称样与消化

①按照含有10～30 mg粗蛋白质计算试样用量，一般可称取固体试样0.2～0.3 g(精确到0.000 1 g)，用长条硫酸纸卷着无损失地放入洁净干燥的50 mL凯氏瓶或消化管中。

②加入2.0 g混合催化剂，与样品均匀混合，顺瓶壁缓慢加入10 mL浓硫酸或浓硫酸混合液，使瓶颈上附着的样本冲下。稍加振摇，使试样润湿(最好过夜)。

③将凯氏烧瓶倾斜置于电炉或将消化管插入消化炉中，在通风橱中加热进行消化。瓶口可放入一短颈漏斗。开始时用低温加热，以免瓶内产生大量泡沫，溢出瓶口。这时瓶内物质变黑，气化酸液在瓶颈中部冷凝回流，产生泡沫，勿使瓶中泡沫超过瓶肚的2/3，待泡沫减少和烟雾变白后再增加温度保持瓶中液体微沸。等泡沫停止产生后，再加高温度，并维持溶液在微沸状态。在整个消化过程中应经常转动烧瓶，使所有样品都浸入硫酸内进行彻底消化，如有黑泡溅在瓶壁，将烧瓶取下冷却后加少量蒸馏水冲洗，再继续加热消化。如有黑炭粒不能全部消失，则待烧瓶冷却后，补加少量浓硫酸，继续加热，直至瓶内溶液呈透明浅蓝绿色时，然后继续加热30 min，消化完毕。一般种子样品消化需3～4 h，消化过程中可产生SO_2、CO_2等有毒气体，故消化样品需在通风柜中进行。

(2)定容

消化管冷却至室温后取出，加蒸馏水10～20 mL，摇匀，无损地移入100 mL容量瓶内。用蒸馏水冲洗消化管3～4次，洗液收集于同一容量瓶内，最后加蒸馏水定容，摇匀后备用。

(3)蒸馏或扩散

①蒸馏：

A. 开始蒸馏之前，按照凯氏微量蒸馏装置图将凯氏蒸馏装置安装妥当，检查各结合处是否严密，冷凝管是否通水良好。并用蒸汽洗净反应室。然后再进行蒸馏和吸收。

B. 用量筒量取10 mL 2%硼酸溶液，加入150 mL三角瓶内，再加入甲基红—溴甲酚绿指示剂2滴，置于蒸馏装置的冷凝管下，使管口浸入硼酸溶液内。

C. 蒸发室注水(约2/3)，点燃酒精灯(电炉上垫石棉网也可以)，置于蒸馏装置下。

D. 接通冷凝水，用移液管准确移取消化液5 mL(v)，从小漏斗加入反应室。然后用少量蒸馏水冲洗入口，用量筒量取5～10 mL 40%氢氧化钠溶液，从小漏斗加入反应室，然后用少量蒸馏水冲洗2次，最后一次水不要放完，留一些在漏斗里，以防漏气。

E. 开始蒸馏，待反应室液体煮沸后，蒸馏约5 min后，使冷凝管口离开硼酸液面，用红色石蕊试纸检查液滴，如不变色，继续蒸馏1 min，最后用蒸馏水冲洗冷凝管口，洗液均流入三角瓶内。

F. 停止蒸馏，移走酒精灯，拿走三角瓶。待反应室液体倒吸入蒸馏室，排出废液。冲洗反应室。

②扩散：由于样品蒸馏一次不能处理大量样品，而且所需时间较长，因此，实验练习或有大量样品需要分析时，可采用康维(扩散)皿法代替样品蒸馏过程。用移液管准确移取消化液5 mL，放入康维皿外室一角，吸取2%硼酸放入康维皿的内室，并混合指示剂2滴，在康

维皿的磨口边涂一层密封胶(凡土林)，用毛玻璃片盖上，再轻轻推开皿盖，露出一小缝，向外室的一角加入 5 mL 40% 的 NaOH 溶液，立即推回盖密玻盖，务必使其严封不漏气，然后轻轻转动康维皿数秒钟，使消化液与 NaOH 溶液充分混合，但应防止康维皿内外室溶液混合，然后放在 38℃恒温箱中 2 h 或室温下 24 h。

(4)滴定

①在酸式滴定管中装入 0.010 0 N 标准盐酸溶液。

②蒸馏后的三角瓶中的吸收液立即用 0.010 0 N 盐酸标准液滴定，或者扩散结束，推开玻盖，用 0.010 0 N 盐酸标准液滴定内室，至瓶中或内室溶液由蓝色变为红褐色为达到终点。准确读取盐酸耗体积数量。

(5)空白测定

待测草坪草样品消化同时可进行空白测定：除不加试样外，其他按以上测定步骤用试剂代替样品空白做空白对照试验。

如采用自动凯氏定氮仪进行草坪草样品蛋白质含量测定，则可根据以上方法步骤，参照相应仪器使用说明书进行操作。

(6)结果计算

①计算公式：待测草坪草样品粗蛋白质的干基含量按下列公式计算。

$$试样中粗蛋白质(干基\%) = [(V_2 - V_1) \times N \times 0.014 \times P \times V] \div [100 \times W \times (100 - M) \times V']$$

式中，V_2 为样品滴定时所需盐酸标准溶液体积(mL)；V_1 为空白试验滴定时所需盐酸标准溶液体积(mL)；N 为盐酸标准液浓度(mol/L)；0.014 即与 1.00 mL 1 mol/L 盐酸液相当的以克表示的氮的质量；P 为不同草坪草样品换算蛋白质系数；V 为样品消化液总体积(mL)；W 为试样重量(g)；M 为试样水分百分率(%)；V'为蒸馏时取用的样品消化液体积(mL)。

②重复性：每个待测草坪草试样取 2 个平行样进行测定，以其算术平均值为测定结果，测定结果保留小数点后 1 位数。2 次重复试验结果允许误差：粗蛋白质含量在 15.0% 以下时，不超过 0.2%；粗蛋白质 15.1% 以上时，不超过 0.4%。

6.4.2 考马斯亮蓝法

(1)标准曲线的制作

①取 6 支具塞试管，编号后，按表 6-2 加入各试剂和蒸馏水。

表 6-2 标准曲线制制作的各试剂加入量与标准溶液浓度

试 剂	管 号					
	1	2	3	4	5	6
100 μg/mL 标准蛋白质溶液(mL)	0	0.2	0.4	0.6	0.8	1.0
蒸馏水(mL)	1.0	0.8	0.6	0.4	0.2	0
考马斯亮蓝 G-250 试剂(mL)	5	5	5	5	5	5
蛋白质溶液浓度(μg/mL)	0	20	40	60	80	100

②各试管分别加塞，摇匀。放置 2 min 后在 595 nm 波长下比色测定(比色应在 1 h 内完成)光密度 OD 值。以牛血清白蛋白质浓度(μg/mL)为横坐标，以光密度 OD 值为纵坐标，绘出标准曲线。

(2)样品中蛋白质提取

准确称取约0.5 g待测草坪草样品，放入研钵中，加10 mL磷酸溶液，研磨成匀浆，将匀浆液全部转入到离心管中。10 000 rpm离心10 min后，将上清液转入25 mL容量瓶中。再用5 mL磷酸溶液悬浮离心管沉淀，再按上述步骤离心转移上清液，再提取2次，用磷酸溶液定容至刻度，摇匀待测。

(3)样品中蛋白质含量的测定

吸取上步骤样品提取液1 mL，加5 mL考马斯亮蓝G-250试剂，充分混匀，放置2 min后，在595 nm波长下比色(比色空白参比液采用另1支具塞试管，用1 mL蒸馏水替代提取液，加5 mL考马斯亮蓝G-250试剂，充分混合而成)，记录OD值。

(4)结果计算

根据所测样品提取液的光密度$OD_{595\ nm}$值，在标准曲线上查得相应的蛋白质含量(μg/mL)，按下式计算：

样品蛋白质含量(干重%)=[查得的蛋白质含量(μg/mL)×提取液总体积(mL)×稀释倍数]÷[样品重量×(1－水分含量%)×测定时取用提取液体积(mL)]×100

6.5　注意事项

①草坪草样品要尽可能粉碎，提取样品可溶性糖时注意不要混入残渣等物质。测定OD值时，比色杯内不能有水，否则比色液会发生混浊。

②蒽酮可以使绝大多数碳水化合物显色，蒽酮比色法测定的光密度是草坪草样品中所有可溶性糖显色物质的总光密度，既包括葡萄糖等单糖，也包括蔗糖(双糖)等寡糖及糖原等多糖。不同草坪草种及品种植株及种子等器官的可溶糖含量和组成不相同，一般采用葡萄糖标样制作标准曲线，有时也采用蔗糖标样制作标准曲线。此外，草坪草的可溶性糖在浓硫酸作用下，脱水生成的糠醛或羟甲基糠醛能与苯酚缩合成一种橙红色化合物，在10～100 μg含量范围的颜色深浅与可溶性糖含量成正比，并有485 nm波长下有最大吸收峰。因此，也可用苯酚比色法测定草坪草样品的可溶性糖含量，其方法步骤与蒽酮比色法类似。

③蒽酮与糖的颜色反应受温度条件和加热时间的影响，因此，各样品可溶性糖的提取和显色的条件应严格一致。此外，草坪草样品各种可溶性糖与蒽酮反应的有效范围内，才能获得正确的结果。因此，应根据草坪草不同种及品种可溶性糖含量确定供试样品的称样量及测试液的稀释倍数。

④蛋白质测定的凯氏法消化时不要用强火，应保持和缓沸腾，以免粘贴在消化瓶内壁上的含氮化合物在无硫酸存在的情况下消化不完全而造成氮损失；所用试剂溶液应用无氨蒸馏水配制；消化样品时要注意安全，防止烫伤。

⑤待测样品中若含脂肪较多时，消化过程中易产生大量泡沫，为防止泡沫溢出瓶外，在开始消化时应用小火加热，并时时摇动；或者加入少量辛醇或液体石蜡或硅油消泡剂，并同时注意控制热源强度。

⑥当样品消化液不易澄清透明时，可将消化瓶冷却，加入30%过氧化氢2～3 mL后再继续加热消化。

⑦一般消化至呈透明后，继续消化30 min即可，但对于含有特别难以氨化的氮化合物的

样品，如含赖氨酸、组氨酸、色氨酸、酪氨酸或脯氨酸等时，需适当延长消化时间。有机物如分解完全，消化液呈蓝色或浅绿色，但含铁量多时，呈较深绿色。

⑧若取样量较大，如干试样超过 5 g 可按每克试样 5 mL 的比例增加硫酸用量。

⑨蛋白质测定的考马斯亮蓝法十分灵敏，因此，所用器皿必须清洗干净，取样必须准确，否则会造成很大的误差；测定过程中的比色应在样品和考马斯亮蓝 G-250 试剂混匀后 2 min ~ 1 h 内完成；定容时蒸馏水要沿瓶壁缓漫加入，以免产生大量气泡，影响定容与测定结果准确性；每批次样品蛋白质含量测定时，要做一次标准曲线。

6.6 实验作业与思考题

①绘制可溶性糖测定的蒽酮比色法与蛋白质测定的考马斯亮蓝法的实验标准曲线图并求出标准线性方程。

②了解草坪草不同种与品种植株及种子等器官可溶性糖和蛋白质含量的差异？

③总结凯氏法和考马斯亮蓝 G-250 法测定蛋白质含量的原理及方法步骤？

实验 7　草坪草的电导率与丙二醛含量测定

草坪草植株及其各器官的电导率与丙二醛(MDA)含量是草坪生物学与生态学研究中需要经常测定的重要生理生化指标，它们能够反映草坪草生长发育的生理生化内在动向与潜势，可用来预测草坪草生长发育状况及抗寒性、抗旱性、抗热性等逆境抗性水平。因此，通过本实验学习，要求学习掌握草坪草的电导率与丙二醛含量的测定方法及技术；了解电导率与丙二醛含量的测定方法的原理；了解草坪草不同种与品种及不同器官、不同生育期、不同生态环境条件下的电导率与丙二醛含量的差异。

7.1　原理

草坪草植株及其各器官组织细胞膜可起调控细胞内外物质交换的作用。当细胞膜受逆境胁迫损伤或衰老退化影响时，细胞内物质(尤其是电解质)易大量外渗到周围环境中，导致组织浸泡液的电导率增大。逆境抗性低或生活力低的草坪草组织细胞膜损伤严重，修复困难，细胞内渗出物多，其电导率测定值高，反之，电导率测定值低。即草坪草植株组织外渗液的电导率高低与其逆境抗性或生活力水平呈负相关。因此，用电导率仪测定草坪草植株组织浸出液中的电解质浓度(电导率)可确定不同草坪草种与品种、不同生育时期或生态环境条件下的逆境抗性强弱或生活力大小。

丙二醛(MDA)是由于草坪草植株器官衰老或在逆境条件下受伤害，其组织或器官膜脂质发生过氧化反应而产生的有机物。它可作为草坪草植株器官细胞膜指过氧化及其衰老或逆境抗性的指标，它的含量与草坪草衰老及逆境伤害有密切关系。草坪草植株体内丙二醛含量测定，通常利用硫代巴比妥酸(TBA)在酸性条件下加热与组织中的丙二醛产生显色反应，生成红棕色的三甲氚(3, 5, 5-三甲基恶唑 2, 4-二酮)，三甲氚的最大吸收波长为 532 nm。但是，草坪草植株组织的 MDA 测定可受多种物质的干扰，其中最主要的是可溶性糖，糖与硫代巴比妥酸显色反应产物的最大吸收波长在 450 nm 处，在 532 nm 处也有吸收。草坪草植物遭受干旱、高温、低温等逆境胁迫时可溶性糖增加，因此，测定草坪草植株组织中丙二醛与硫代巴比妥酸反应产物含量时一定要排除可溶性糖的干扰。此外在 532 nm 波长处尚有非特异的背景吸收的影响也要加以排除。低浓度的铁离子能显著增加硫代巴比妥酸与蔗糖或丙二醛显色反应物在 532 nm、450 nm 处的光密度 OD 值，所以在蔗糖、丙二醛与硫代巴比妥酸显色反应中需要有一定的铁离子，通常草坪草植株组织中铁离子的含量为 100 ~ 300μg/g 干物质重，根据草坪草植株样品量和提取液的体积，加入 Fe^{3+} 的终浓度为 0.5 nmol/L。在 532nm、600nm 和 450nm 波长处测定光密度 OD 值，即可计算出被测样品的丙二醛含量。

7.2　材料、仪器设备与试剂

7.2.1　材料

供试材料可采用草坪草不同种与品种植株叶片或经过低温、干旱、高温等逆境胁处理的植株叶片。电导率测定材料也可采用草坪草不同种与品种或不同贮藏时期的种子或幼苗根系。

7.2.2　电导率测定的仪器设备与试剂

(1)仪器

电导率仪、真空泵(附真空干燥器)、振荡器、电冰箱、温箱、恒温水浴锅、水浴试管架、20 mL 具塞刻度试管、100 mL 烧杯、20 mL 量筒、打孔器(或双面刀片)、0.5 mL、2 mL 和 10 mL 移液管(或定量加液器)、大试管和小试管、试管夹与试管架、大头玻璃棒、铝锅、电炉、镊子、剪刀、搪瓷盘、记号笔、滤纸等。

(2)试剂

无离子水等。

7.2.3　丙二醛测定的仪器设备与试剂

(1)仪器

离心机、分光光度计、电子分析天平、恒温水浴、研钵、试管、移液管（1 mL、5 mL)、试管架、移液管架、洗耳球、剪刀等。

(2)试剂

10% 三氯乙酸、0.6% 硫代巴比妥酸(TBA)溶液、石英砂等。

7.3　电导率测定的方法步骤

7.3.1　用具清洗

由于电导率变化极为敏感，所用器皿必须干净，先用去污粉(或洗液)洗涤，再用自来水和无离子水冲洗干净，烘干备用。无离子水的电导率要求为 1 ~ 2 μS/cm(电导率是电阻率的倒数，国际单位微西门子，符号为 μS)。为了检查试管等容器是否洁净，可向试管中加入1 ~ 2 mL 电导率为 1 ~ 2 μS/cm 的新制无离子水，用电导率仪测定其电导率，如电导率增加，说明试管未清洗干净。

7.3.2　材料处理

①如供试材料为叶片，可用纱布擦净表面灰尘后，用无离子水冲洗 2 次，再用洁净滤纸吸净表面水分。用 6 ~ 8 mm 的打孔器避开主脉打取叶圆片(或切割成大小一致的叶块或称取重量为 0.10 g 左右的对照或处理样品的功能叶片用蒸馏水冲洗 2 ~ 3 遍，滤纸吸干水分后，用剪刀剪成 0.5 cm 的宽度放入 10 mL 离心管，加入无离子水静置 24 h)，每组叶片打取叶圆片 60 片，分装在 3 支洁净的刻度试管中，每管放 20 片。

在装有圆叶片的各管中加入 10 mL 的无离子水，并将大于试管口径的塑料纱网放入试管距离液面 1 cm 处，以防止叶圆片在抽气时翻出试管。然后将试管放入真空干燥器中用真空泵抽气 10 min(也可直接将叶圆片放入注射器内，吸取 10 mL 的无离子水，堵住注射口进行抽气)以抽出细胞间隙的空气，当缓缓放入空气时，水即渗入细胞间隙，叶片变成半透明状，沉入水下。将以上试管置 20℃下保持 1 h，期间要多次摇动试管，或者将试管放在振荡器上振荡1 h。

②如供试材料为幼苗根系，要尽量不要伤害根系，用镊子除去幼苗上残留的胚乳(种子)。先用自来水冲洗，再用无离子水漂洗数次。然后以10株为1组，共3组，分别有大头玻棒轻轻送入大试管中。如幼苗为未进行逆境胁迫处理材料，则可分别置于50℃温箱或0～2℃冰箱和20℃(对照)下处理30 min，分别进行高温或低温胁迫处理。然后，在每个大试管中各加入20 mL无离子水，在室温下平衡20 min，其间不断摇动，使外渗物均匀分布在溶液中。

③如供试材料为种子，则取50粒种子称重(精确至2位小数)，2个重复。再取直径为80 mm的烧杯3个，用热水和无离子水洗净。将种子放入烧杯内，加250 mL无离子水，另一烧杯内加无离子水作对照(烧杯须用薄膜盖好，以减少水分蒸发和被灰尘污染)。

于20℃浸泡24 h。

7.3.3　电导率的测定

供试样品叶片、幼苗根系或种子逆境胁迫处理浸泡液和对照浸泡液的平衡结束后，摇匀，将电导率仪电极插入溶液中(注意不要把电极贴着材料和试管壁)，用电导仪测定处理和对照的初电导率(k_1)。测定完成后，用记号笔记下试管中液面的高度，置100℃沸水浴中10 min。取出冷却至20℃，以蒸馏水补充蒸发掉的水分，并在20℃下平衡20 min，摇匀，测其终电导率(k_2)。

7.3.4　计算样品的电导率

(1)各样品的单位重量电导率

$$样品的单位重量电导率[\mu S/(cm\cdot g)]=(k_2-k_1)/W$$

式中，k_2为处理或对照的终电导率(μS/cm)；k_1为处理或对照的初电导率(μS/cm)；W为样品重(g)。样品的单位重量电导率以各重复的平均值表示。如果2个重复的电导率差值>4时，应重做试验；当样品电导率的结果高于30时，则容许误差为5。

(2)各样品的相对电导率

$$样品的相对电导率(\mu S/cm)=k_1/k_2$$

式中，k_2为处理或对照的终电导率(μS/cm)；k_1为处理或对照的初电导率(μS/cm)。相对电导率的大小表示细胞膜受伤害的程度。

(3)样品伤害程度测定

由于对照样品也有少量电解质外渗，因此可按下式计算各样品由于低温或高温等逆境胁迫而产生的电解质外渗，称为伤害度。

$$样品的伤害度(\%)=[(L_t-L_{CK})/(1-L_{CK})]\times 100$$

式中，L_t为处理样品的相对电导率；L_{CK}为对照样品的相对电导率。

7.4　丙二醛测定的方法步骤

7.4.1　丙二醛的提取

称取草坪草不同种及品种受干旱、高温、低温等逆境胁迫与对照植株的叶片0.10 g，放入研钵中加液氮(还可加入少量石英砂)和10%三氯乙酸2 mL，研磨至匀浆，再加8 mL 10%三氯乙酸进一步研磨，匀浆装入10 mL离心管，以4 000 r/min离心10 min，其上清液为丙二醛提取液。

7.4.2 显色反应及测定

取 4 支干净试管，编号，3 支为样品管(3 次重复)，各加入提取液 2 mL，对照管加蒸馏水 2 mL，然后各管再加入 2 mL 0.6% 硫代巴比妥酸溶液。摇匀，在试管上加棉塞，混合液在沸水浴中反应 15 min，迅速冷却后再离心一次。取上清液用紫外可见分光光度计分别在 600 nm、532 nm和 450 nm 波长下测定其光密度 OD 值。

7.4.3 样品的丙二醛含量计算

(1)样品反应混合液中 MDA 浓度计算

由于蔗糖-TBA 反应产物的最大吸收波长为 450 nm，毫摩尔吸收系数为 85.4×10^{-3}；蔗糖-TBA 反应产物和 M DA-TBA 反应产物在 532 nm 的毫摩尔吸收系数分别是 7.4×10^{-3} 和 155×10^{-3}。532 nm 的非特异性光密度 OD 值可以 600 nm 波长处的光密度 OD 值代表。按双组分分光光度法原理，建立方程组，解此方程组即可求出样品的 MDA 浓度。同时，也还可计算出样品中的可溶性糖浓度。

由如下方程组：

$$OD_{450} = (85.4\times10^{-3})\times C\text{糖} \quad ①$$

$$(OD_{532} - OD_{600}) = (155\times10^{-3})\times C_{MDA} + (7.4\times10^{-3})\cdot C\text{糖} \quad ②$$

解上述方程组，可得：

$$C_{MDA}(\mu\text{mol/L}) = 6.45\times(OD_{532} - OD_{600}) - 0.56\times OD_{450};$$

$$C\text{糖}(\text{mmol/L}) = OD_{450}\div(85.4\times10^{-3}) = 11.71\times OD_{450}。$$

式中：OD_{450}、OD_{532}和 OD_{600}分别为 450 nm、532 nm 和 600 nm 波长下测得的光密度值，85.4×10^{-3}、155×10^{-3}和 7.4×10^{-3}分别为其毫摩尔吸收系数(见上述)；C_{MDA}和 C 糖分别是反应混合液中 MDA 和可溶性糖的浓度。

(2)提取液中 MDA 浓度计算

样品提取液中 MDA 浓度(μmol/ mL) = [C_{MDA} × 反应液体积(mL)] ÷ [1000 × 测定时提取液用量(mL)]

(3)样品中 MDA 含量计算

样品中 MDA 含量(μmol/g 鲜重) = [提取液中 MDA 浓度(μmol/L) × 提取液总量体积(mL)] ÷样品组织鲜重(g)

7.5 注意事项

①电导率受许多因素，如样品损伤度与水分含量、浸泡温度及时间、容器大小、溶液体积等影响。因此，草坪草电导率测定时必须注意保持各测定条件的一致性。如温度对溶液的电导率影响极大，故 k_2和 k_1必须在相同温度下测定；一般所有样品电导率都应在 20℃条件下测定，否则，不同温度变化也会导致电导率的差异不同。此外，在草坪草电导率测定前应测定样品水分，应在样品浸泡前将其水分调至 10% ~14% 或使所有样品的水分含量一致。

②CO_2在水中的溶解度较高，测定电导率时要防止高 CO_2气源和口中呼出的 CO_2进入样品试管，以免影响结果的准确性。此外，草坪草叶片样品电解质外渗以 1 ~2 h 为宜。

③样品中的可溶性糖可干扰其丙二醛含量测定，如样品的可溶性糖含量较高，必要时可

排除可溶性糖的干扰；低浓度的铁离子能增强丙二醛与 TBA 的显色反应，当草坪草组织中的铁离子浓度过低时应预以补充，但加入 Fe^{3+} 的最终浓度为 0.5 nmol/L。

7.6　实验作业与思考题

①在电导率测定中一般应用无离子水，如果无离子水获取困难，是否可用普通蒸馏水替代无离子水？如果要用普通蒸馏水替代无离子水，则需要设置普通蒸馏水空白处理，测定样品电导率时同时测定普通蒸馏水空白电导率，这时样品的相对电导率公式应是怎样？

②测定草坪草不同种与品种或不同生长发育生态环境条件下样品的电导率与丙二醛含量，并分析测定结果差异的原因？

实验 8　草坪草的超氧化物歧化酶、过氧化物酶和过氧化氢酶活性的测定

草坪草衰老死亡的重要原因是活性氧自由基对其器官组织伤害逐渐积累导致膜脂过氧化引起代谢紊乱。在正常情况下，当草坪草植株及器官组织内部产生活性氧和自由基时，其内部的酶促系统会产生相应的酶来清除内部的自由基，如超氧化物歧化酶(superoxide dismutase，SOD)、过氧化物酶(Peroxidase，POD)、过氧化氢酶(Catalase，CAT)等。其中 SOD 可催化活性氧自由基生成 H_2O_2和 O_2；POD 和 CAT 则能清除 H_2O_2。SOD、POD、CAT 等被认为是草坪草植物体重要的酶保护系统。但当草坪草植株及其器官组织在受到外界的一些逆境因素或人工对其进行逆境锻炼时，活性氧的产生大量增加，同时活性氧的清除系统受到抑制，导致活性氧的积累和破坏，酶促系统中的 SOD、POD、CAT 等活性也会相应发生变化，以便于适应环境，增强本身对逆境环境的抵御能力。因此，草坪草 SOD、POD、CAT 的活性是其逆境抗性强弱及老化程度的重要指标，草坪草 SOD、POD、CAT 活性的测定可为草坪草生物学与生态学研究及养护管理等提供依据。本实验学习草坪草 SOD、POD、CAT 的酶活性测定方法，探讨草坪草 SOD、POD、CAT 酶的生物学与生态学意义。

8.1　原　理

依据超氧化物歧化酶能抑制氮蓝四唑(NBT)在光下的还原作用可测定其酶活性的大小。在光照与可氧化物存在的条件下，核黄素可被光还原，被还原的核黄素在有氧条件下极易再氧化而产生可将 NBT 还原为蓝色的化合物，该蓝色化合物在 560 nm 处有最大吸收峰。而超氧化物歧化酶作为氧自由基的清除剂可抑制此反应。于是光还原反应后，反应液蓝色愈深，说明超氧化物歧化酶活性愈低；反之其酶活性愈高。一个酶活性单位定义为将 NPT 的还原抑制到对照一半时所需的酶量。

过氧化物酶不单独催化过氧化氢分解，只活化过氧化氢或其他过氧化物(如脂肪过氧化物)，进一步去氧化多种底物(如甲苯酚、邻甲氧基苯酚等)，生成醌类化合物并进一步缩合或与其他分子发生反应，形成颜色较深的化合物，从而可用分光光度法测定生成物的含量。本实验以邻甲氧基苯酚(愈创木酚)为底物，在过氧化物酶的催化下，过氧化氢可将邻甲氧基苯酚氧化成红棕色的 4-邻甲氧基苯酚，在 470 nm 处有最大吸收峰，因此，可通过测定其在 470 nm 处的吸光度值的变化获得过氧化物酶的活性。

过氧化氢酶能催化过氧化氢分解为水和氧，并且，过氧化氢在 240 nm 处有最大吸收峰。因此，可利用过氧化氢酶摧化下的过氧化氢减少量来检测过氧化氢酶的活性。

8.2　材料、仪器设备与试剂

8.2.1　材　料

草坪草不同种与品种的植株叶片或吸胀种子或受低温、高温、干旱等逆境胁迫的植株叶片与种子。

8.2.2　超氧化物歧化酶测定的仪器设备与试剂

(1)仪器设备

高速冷冻离心机、高速台式离心机、分光光度计、冰箱、研钵、试管、微量进样器、荧光灯(反应试管处照度为4000lx)或光照箱、容量瓶、烧杯等。

(2)试剂

①50 mmol/L 磷酸缓冲液(pH 7.8)：先按如下方法配制甲液与乙液。甲液：称取 $NaHPO_4$ 试剂 8.9 g 定容于 1000 mL 蒸馏水中；乙液：取 KH_2PO_4 试剂 6.8 g 定容于 1000 mL 蒸馏水中。然后按甲液 9 mLl + 乙液 1 mL 的比例可配制 50 mmol/L 磷酸缓冲液。

②氮蓝四唑(NBT)反应液：在 30 mL 的 50 mmol/L 磷酸缓冲液(pH 7.8)中加入 58 mg 甲硫氨酸(Met)，待完全溶解后，加入 1.375 mg 氮蓝四唑，溶解后再加 0.014 mg 核黄素，溶解后加入 0.87 mg 乙二胺四乙酸(EDTA)。即配成 50 mmol/L 磷酸缓冲液内含 13 m mol/L 的 Met、63 μmol/L 的 NBT、1.3 μmol/L 的核黄素、0.1 mmol. /L 的 EDTA。冰箱中避光保存，现用现配。

8.2.3　过氧化物酶活性测定的仪器设备与试剂

(1)仪器设备

高速冷冻离心机、可见分光光度计、电子天平、秒表、研钵、容量瓶、量筒、试管、吸管。

(2)试剂

0.05 mol/L 的磷酸缓冲液(pH5.5)；0.05 mol/L 的愈创木酚溶液；2% 的过氧化氢(H_2O_2)溶液；20% 的三氯乙酸溶液。

8.2.4　过氧化氢酶活性测定的仪器设备与试剂

(1)仪器设备

容量瓶、恒温水浴锅、酸式滴定管、三角瓶、研钵等。

(2)试剂

①10% 的 H_2SO_4 溶液；0.2 mol/L 的磷酸缓冲液(pH 7.0)。

②0.1 mol/L 的 $KMnO_4$ 标准液：称取 3.1605 g $KMnO_4$，用新煮沸的冷却蒸馏水配成1 000 mL，用 0.1mol/L 的草酸进行标定。

③0.1 mol/L 的 H_2O_2 溶液：取 30% H_2O_2 溶液 5.68 mL（市售 30% H_2O_2 大约等于 17.6 mol/L)，稀释至1 000 mL，用标准 0.1 mol/L 的 $KMnO_4$ 溶液在酸性条件下进行标定。

8.3　超氧化物酶活性测定的方法步骤

8.3.1　酶液的制备

称取 0.2 g 待测样品材料，放入研钵加液氮研磨成粉(冰上研磨)，然后用 50 mmol/L 磷酸缓冲液(pH 7.8)在4℃条件下或冰浴上研磨成匀浆。如为吸胀几小时的种子样品，其样品与磷酸缓冲液用量比为1∶10；如为萌发1~3 d种子，其用量比为1∶30。然后将样品匀浆用4层纱布过滤，滤液以2 000 r/min离心15 min，取中层滤液在12 000 r/min、4℃条件下离心20 min，取上清液用于酶活性测定或放置在-20℃低温冰箱中待用。

8.3.2 酶活性的测定

取透明度好、质地相同的试管，放在一个四壁光亮的反射强度一致的小室中。在较暗的光下向试管中加入3 mL的NBT反应液，25 μL的酶液，并以1个试管不加酶液作为对照，在温度为25~30℃，光强为4 000 lx的荧光灯下反应15~20 min后，出现颜色变化，即可用分光光度计在560 nm波长处测定其光密度值。

8.3.3 酶活性的计算

以抑制NBT光还原反应50%的酶量为一个酶活性单位(U)。按下式计算样品的超氧化物酶活性：

$$A(\text{样品超氧化物酶活性}) = [(A_0 - As) \times Vt] \div [(A_0 \times m \times V_1 \times 0.5\ ]$$

式中，A为酶活性单位每克鲜样或干基样表示(U/g鲜样或干基样)；A_0为对照管的光密度值；As为样品管的光密度值；Vt为酶提取液总体积(mL)；V_1为测定时样品用量(mL)；m为样品重(g)。此外，超氧化物酶活性也可用超氧化物酶比活力单位，即以酶活性单位每毫克蛋白质表示。

8.4 过氧化物酶活性测定的方法步骤

8.4.1 酶液的制备

称取待测样品1.0~5.0 g，加少量液氮研磨至粉末，加入适量预冷的磷酸缓冲液研磨成匀浆。吸取匀浆于离心管内，以3000 g离心10 min，上清液转入25 mL容量瓶中。沉淀用5 mL磷酸缓冲液再次提取两次，上清液并入容量瓶中，定容至刻度，即为酶的提取液。低温下保存备用。

8.4.2 过氧化物酶活性的测定

取两支试管，均依次加入0.05 mol/L的磷酸缓冲液2.9 mL，2%的H_2O_2溶液1.0 mL，0.05 mol/L的愈创木酚溶液1.0 mL，然后在其中一支试管中加入0.1 mL酶液，在另一支试管中加入0.1 mL加热煮沸5 min的酶液(作为对照)。立即于37℃水浴中保温15 min，然后迅速转入冰浴中，并加入20%三氯乙酸2 mL终止反应。以5 000 g离心10 min，收集上清液并适当稀释。于470 nm处测定光密度值。

8.4.3 过氧化物酶活性的计算

以每分钟光密度值变化(0.01ΔA470)0.01为一个过氧化物酶活力单位，按下式计算样品过氧化物酶的活力与比活力。

$$\text{过氧化物酶活性}(0.01\Delta A/\text{min}) = (\Delta A \times D) \div (0.01 \times W \times t)$$

式中，ΔA为反应时间内光密度值的变化(反应液光密度值—对照液光密度值)；t为反应时间(min)；D为稀释倍数，即提取的总酶液为反应液内酶液的倍数；W为待测种子样品重量(g)。

8.5 过氧化氢酶活性测定的方法步骤

8.5.1 酶液的制备

称取2.5 g待测样品，先研磨成液氮粉，然后加少量磷酸缓冲液在4 ℃或冰浴上研磨成匀浆，再用缓冲液将匀浆洗入25 mL离心管中定容，最后放在恒温水浴中(25～30℃)浸提1～2 h，以4 000 g离心15 min，上清液即为样品过氧化氢酶的粗提液。

8.5.2 酶活性的测定

取5 mL三角瓶4个(2个为测定，2个为对照)。向用于测定的2个三角烧瓶中加入酶液2.5 mL，向对照的2个瓶中加入煮沸后的酶液2.5 m L，再加2.5 m L的0.1 mol/L的H_2O_2溶液，同时计时，于30 ℃恒温水浴锅中水浴保温10 min，然后立即加入10%的H_2SO_4溶液2.5 mL。用0.1 mol/L的$KMnO_4$标准溶液滴定，至出现粉红色(在30 s内不消失)为终点。

8.5.3 酶活性的计算

样品过氧化氢酶活性用每g鲜重样品1 min内分解H_2O_2的mg数表示，计算公式如下：

$$\text{样品过氧化氢酶酶活}[\text{mg}/(\text{g}\cdot\text{min})]=\frac{(A-B)\times Vt\times 1.7}{W\times Vs\times t}$$

式中，A为对照$KMnO_4$滴定数(mL)；B为酶反应后$KMnO_4$滴定数(mL)；Vt为提取酶液总量(mL)；Vs为反应时所用酶液量(mL)；W为样品鲜重(g)；t为反应时间(min)；1.7为1 mL的0.1 mol/L $KMnO_4$标准液相当于1.7 mg的H_2O_2。

8.6 注意事项

①超氧化物歧化酶液提取应在4℃条件下进行，提取后立即进行酶活性的测定，即使在冰箱中放置几小时，酶活性也会下降；在不同处理的比较试验时，照光反应是关键，必须控制光强，使每支试管的反应液得到相同的光照强度；NBT反应液配好后，过滤除去不溶物，立即使用，若放在冰箱中要避光保存，充分摇匀后才能进行使用。

②过氧化物酶液的提取过程要尽量在低温条件下进行，预冷酶提取液和研钵，并在冰浴条件下研磨样品；过氧化氢溶液要在反应计时开始前加入；在恒温水浴中，酶促反应时间到后应立即终止反应；测光密度值时要迅速，严格掌握好时间，保证所测数值的精确性。

③过氧化氢酶活性测定所用$KMnO_4$标准液和H_2O_2溶液临用前要重新标定；中和滴定读数时应注意不要俯视或仰视。

8.7 实验作业与思考题

①影响草坪草超氧化物歧化酶、过氧化物酶与过氧化氢酶活性测定准确性的主要因素是什么？应如何克服？

②测定草坪草超氧化物歧化酶、过氧化物酶与过氧化氢酶活性有何意义？除上述方法外，还有哪些方法可以测定这些酶活性？

③比较与分析草坪草不同种与品种及不同生态环境、不同生长发育时期超氧化物歧化酶、过氧化物酶与过氧化氢酶活性的差异及原因？

实验9　草坪草的IAA(生长素)、GA_3(赤霉素)、ZT(玉米素)与ABA(脱落酸)等激素含量的测定

草坪草IAA(生长素)、GA_3(赤霉素)、ZT(玉米素)与ABA(脱落酸)等内源激素与草坪草的生长发育及生理生化调控密切相关，因此，草坪草激素的准确测定对于研究草坪草的生物学与生态学生命活动具有重要的意义。本实验的目的是学习掌握草坪草激素提取、分离、纯化过程及其高效液相色谱与IAA、ABA含量的固相抗体型酶联免疫测定技术、固相抗原型酶联免疫测定技术与方法；了解草坪草内源激素的功效及其测定方法的原理。

9.1　原　理

色谱(也称层析)就是用来分离混合物中各组分的一种方法，它是分离、纯化及鉴定生物大分子时最常使用的技术之一。一个层析系统都包括固定相(简称定相)和移动相(简称动相)两组。当移动相流过加有样品的固定相时，由于各组分在两相之间的分配比例不同，各组分就会以不同速度移动而互相分离开来。固定相可以是固体，也可以是被固体或凝胶所支持的液体。固定相可以被装入柱中或涂抹成薄层、薄膜，称为层析“床”。流动相可以是气体，也可以是液体，前者是气相层析(色谱)，后者称为液相层析(色谱)。20世纪50年代开始，相继出现了气相色谱、液相色谱、高效液相色谱、薄层层析、通透层析、离子交换层析、凝胶层析、亲和层析、金属螯合层析等。几乎每一种色谱法都已发展成为一门独立的生化高技术，在生物学领域得到了广泛的应用。

高效液相色谱(high performance liquid chromatography，HPLC)是近年来迅速发展起来的一种新型分析、分离技术。它具有效率高、速度快、易于自动化等优点，而且适用范围广、流出样品易收集，所以得到了越来越广泛的应用。HPLC是用内径2～8 mm的柱，填充颗粒平均直径小于50 μm，并施以高压(1.47×10^4kPa～2.94×10^4 kPa，使流动相的速度增高[线速度一般在0.1～5 cm/s(1～10 mL/min)以上]，从而达到高分辨率、高速度的目的，一般在十几到几十分钟内便可完成多组分的分析。高效液相色谱法无须将要分析的物质汽化，因此非常适合于分析诸如草坪草植株及其器官这样不易汽化并在高温下易于破坏的样品，是较理想的草增草激素分析方法。

草坪草激素含量测定，提取草坪草游离激素是检测的第一步，但是，内源激素在草坪草植株及其器官体内含量甚微，可以称为是痕量分析，分离时容易破坏，这给激素的分离测定带来一定的困难；激素常以各种结合态形式存在，且结合态含量较高；同时，样品中含有许多激素类似物以及其他干扰物质影响测定。因此，在检测草坪草内源激素之前，要经过提取、分离和纯化等多项处理，并确定合理的提取程序，防止结合态激素的水解，除去样品提取液中的干扰物质，以获得真实可靠的检测结果。草坪草激素的粗提多采用80%甲醇或丙酮，其

材料/溶剂比(w/v)控制在1∶6～8左右为宜。匀浆液经高速冷冻离心后分离纯化。提取液中激素类似物种类因草坪草类型不同而异，其他干扰物质在不同草坪草中存在的数量和种类也各不相同，因此应根据具体情况选择溶剂萃取法与C18胶柱分离法等不同分离纯化的法。此外，高效液相色谱检测草坪草内源激素应选择适当的洗脱液与色谱条件(包括仪器型号、色谱柱、流动相与流速、检测器种类和检测波长、进样量、柱温等)，以期达到最好的分离效果和最大的回收率。

免疫测定是基于抗原、抗体的特异性反应，根据检测方法的不同而分为酶联免疫、放射免疫、荧光免疫、化学发光免疫、生物发光免疫和浊度免疫测定等。酶联免疫吸附分析(ELISA)是指将已知的抗原或抗体吸附在固相载体表面，使酶标记的抗原抗体反应在固相表面进行的技术。该法具有灵敏性、特异性高，方便快速、安全、成本低廉、载体易于标准化等优点，因此目前该法常用于植物激素的测定。

ELISA是被分析物先与其相应的抗原或抗体反应，然后检测抗原或抗体上酶标记物的活性，进行定性或定量测定。常用的酶有辣根过氧化物酶和碱性磷酸酯酶。酶可直接标记激素分子，称为酶标植物激素；也可标记于第二抗体(识别抗激素抗体Fc片段的抗体或金黄色葡萄球菌A蛋白)，称为酶标二抗。这两类标记物分别用于固相抗体型ELISA和固相抗原型ELISA。

固相抗原型ELISA可用于测定草坪草IAA含量：将"激素一蛋白"复合物(IAA-蛋白复合物)包被于固相载体，加入待测激素(IAA样品或标准品)和抗IAA多克隆抗体(PAb)进行竞争反应。然后让HRP标记羊抗兔Ig抗体(HRP-GARIG)与结合在固相上的PAb反应，通过测定与固相结合的酶量，换算出样品中未知的激素(IAA)含量。

固相抗体型ELISA可用于测定草坪草ABA含量：将抗激素(ABA)的单克隆抗体(MAb)与已吸附于固相载体上的兔抗鼠Ig抗体(RAMIG)结合，然后加入激素(ABA)标准品或待测样品，使其与固相化的MAb结合，再加入辣根过氧化物酶(HRP)标记激素(HRP-ABA)。通过测定酶标激素(ABA)的被结合量，可换算出样品中未知的激素(ABA)含量。

9.2　材料、仪器与试剂

9.2.1　材　料

草坪草不同种与品种的叶片或萌动种子或萌发的幼苗。

9.2.2　激素测定的高效液相色谱法的仪器设备与试剂

(1)仪器设备

高效液相色谱仪、紫外检测器、C18 Sep-Paks柱(Waters)、液氮罐、冷冻干燥机、真空冷冻浓缩系统、超低温冰箱、磁力搅拌器、高速冷冻离心机、超声波洗脱仪、冰浴锅、离心管、纱布、剪刀、镊子、研钵、巴斯德吸管等。

(2)试剂

100%甲醇(分析纯)；80%甲醇(分析纯)；0.1 mol/L乙酸铵(NH_4Ac，pH 9.0)；50%甲醇(色谱纯)；0.01 mol/L乙酸铵(pH8.0)；0.1 mol/L NH_4Ac (pH8.0)；1.0 mol/L NH_4 Ac (pH8.0)；0.1 mol/L乙酸(HAc)；1.5 mol/L HAc；聚乙烯聚吡咯烷酮(PVPP)；二乙基氨基乙基交联葡聚糖凝胶(DEAE SepHadex A -25)；冰乙酸；生长素(IAA)、赤霉素(GA_3)、玉米

素(ZT)及脱落酸(ABA)标准样品(Fluka 的 HPLC 试剂)；无离子水等。

9.2.3 激素测定的酶联免疫法的仪器设备与试剂

(1)仪器设备

酶联免疫检测仪、高速冷冻离心机、恒温箱、连续进样器、涡旋仪、酶标板(40 孔或 96 孔)、台式高速离心浓缩干燥器或氮气吹干装置、冰箱、C18 柱、离心管、研钵或匀浆器等。

(2)试剂

①80% 甲醇：内含 1 mmol/L 2,6-二叔丁基-4-甲基苯酚(抗氧剂 264，BHT)。

②100% 甲醇；100% 乙醚；液氮；0.1 mol/L Na_2HPO_4 (pH 9.2)；兔抗鼠 lg 抗体(RAMIG)；抗 ABA MAb 溶液；辣根过氧化物酶标记 ABA(HRP-ABA)；3 mol/L H_2SO_4；AA-BSA 复合物(牛血清蛋白)；0.1 % BSA 溶液；抗 IAA PAb 溶液；辣根过氧化物酶标记羊抗 Ig 抗体(HRP-GARIG)等。

③洗涤缓冲液：为 0.01 mol/L 磷酸盐缓冲液(PBS)，pH 7.4，含 0.05% Tween 20：为聚氧乙烯去水山梨醇单月桂酸酯和一部分聚氧乙烯双去水山梨醇单月桂酸酯的混合物。

④苯二胺(OPD)基质溶液：5 g OPD 溶于 12.5 mL 0.01 mol/L PBS(pH 5.0)，用前加入 12.5 μL 30% H_2O_2。

9.3 激素测定的高效液相色谱法的方法步骤

9.3.1 材料预处理

待测草坪草样品，用蒸馏水冲洗干净并用吸水纸轻轻沾掉表面蒸馏水，称量后，用纱布包好立即放入液氮中，5 min 后将样品取出，在遮光条件下冷冻干燥 24 ~ 48 h (干燥时间视样品量及含水量的多少而定)。如暂时不进行提取分离可将样品密封放入 −60 ℃超低温冰箱中保存。

9.3.2 激素的提取、分离与纯化

①称取冻干样品 0.200 g，在弱光和低温条件下，加 5 mL 预冷的 80% 甲醇，在冰浴下研磨成匀浆，转入 20 mL 离心管中，再用 6 mL80% 甲醇分次将研钵冲洗干净，一并转入离心管中，摇匀后置于 4℃冷藏箱中振荡过夜(15 h)。

②在 4℃下以 3 000 g 离心 10 min，取上清液。沉淀中加入 2 mL 预冷的 80% 甲醇，搅拌均匀，置 4℃下再提取 1 h，然后以3 000 g离心 10 min，取上清液与于上述上清液合并。重复上述操作再提取 2 次，将收集到的上清液进行真空冷冻浓缩至全干。

③加入 8 mL 0.1 mol/L 乙酸铵(pH 9.0)复溶、以 27 000 g 离心 20 min，取上清液。

④上清液先后经过 PVPP 柱、DEAE 柱，并以 C18 Sep—Paks 柱分别收集不同激素，以 50% 甲醇(HPLC)洗脱后即可得到较纯的植物激素样品。具体操作如下。

A. PVPP 前处理(提前一天准备)：称取 30 g PVPP 于烧杯中，加入 300 mL 双蒸蒸馏水，搅动 5 min，静置 15 min，分层，吸去上层小颗粒。然后加双蒸蒸馏水恢复至原有体积，搅动 5 min，静置 15 min，分层，将上层小颗粒吸去。重复上述操作 2 次。最后用 0.1 mol/L NH_4Ac(pH 8.0)悬浮，使上、下液层比例为 1∶1，以 Parafilm 封口膜盖住杯口，保存于 4℃冰箱中。

B. DEAE 前处理：称取 10 g DEAE 于烧杯中，加入 300 mL 0.1 mol/L NH_4Ac(pH 8.0)溶

液，搅动5 min，静置约2~3 min，分层，吸去上层小颗粒。然后用0.1 mol/L NH_4Ac(pH 8.0)溶液恢复至原有体积，摇动5 min，静置分层并吸去上层液。重复上述操作2次。最后使上、下层溶液比例为1:1，盖上封口膜，4℃冰箱中保存。

C. C18 Sep-Paks预处理(需临时处理)：以8 mL 100%甲醇冲洗柱，用巴斯德吸管吸去柱内气泡。然后用8 mL 0.1 mol/L HAc溶液洗酸性Sep-Paks柱，用8 mL 0.1 mol/L NH_4Ac溶液洗碱性Sep-Paks柱。最后标记备用的酸性柱和碱性柱。

D. 装柱：将同孔径大小精密滤纸1~2片放于注射器内，流速控制在1 mL/min为佳，上层注射器装12 mL PVPP，下层柱装12 mL DEAE。将各柱连接在一起，最下层接碱性Sep-Paks柱，保证各柱中无气泡，静置2 h。

E. 柱系统的处理：以15 mL 0.01 mol/L NH_4Ac(pH 8.0)溶液洗脱，使PVPP柱、DEAE柱上留有大于1 mL的缓冲液。然后以15 mL 1.0 mol/L NH_4Ac(pH 8.0)溶液洗脱，再以15 mL 0.01 mol/L NH_4Ac(pH 8.0)洗脱，选择流速最好的柱系统。

F. 上样：将上清液倒入相应标记的柱中，加入25 mL 0.01 mol/L的NH_4Ac溶液洗脱。当上面PVPP柱接近干时，移去PVPP柱，并接上大的注射器继续洗脱。当液面接近DEAE柱顶部时，关闭活塞，移去碱性Sep-Paks小柱(内含碱性激素)，将Sep-Paks小柱置黑暗冰箱中待洗脱。然后在DEAE柱上加入1 mL 0.1 mol/L HAc溶液，下接酸性Sep-Paks小柱(收集酸性激素)，上面接上大的注射器，并加入25 mL 1.5 mol/L HAc溶液。当DEAE柱全干时，取下酸性Sep-Paks小柱，置黑暗冰箱中待洗脱。

G. 洗脱Sep-Paks小柱中的激素：先用5 mL双蒸蒸馏水顺方向清洗小柱。以4 mL 50%甲醇洗脱碱性Sep-Paks柱，收集洗脱液。以5 mL 50%甲醇洗脱酸性激素小柱，收集洗脱液。将上述收集的样品平衡后进行真空冷冻浓缩，除去甲醇和水即得所需的各种激素样品。

9.3.3 高效液相色谱分析

(1)色谱条件的选择

色谱柱为Waters C18柱，规格为4.6 mm×250 mm，填料细度为5 μm。柱温设定为30~35 ℃。流动相根据实验材料确定甲醇：水：乙酸之比或其他试剂(如乙腈)。流速设定为1.0 mL/min。紫外检测波长设定为269 nm。进样量为20μL。

(2)标准曲线的制作

制备具有一定梯度的不同浓度混合标样(含IAA、GA_3、ZT和ABA)上高效液相色谱仪，根据其色谱图，以浓度为横坐标，峰面积为纵坐标绘制标准曲线图。

(3)样品激素含量的测定

所获得的各激素样品用50 μL 50%色谱甲醇溶解，用高效液相色谱仪分析，获得相应的样品高效液相色谱图。

9.3.4 样品激素含量的计算

根据比较样品高效液相色谱图及标准曲线图，计算待测草坪草样品溶液中各种植物激素的含量。

9.4 激素测定的酶联免疫法的方法步骤

9.4.1 样品中激素的提取与纯化

①称取 0.5 ~ 1.0 g 待测草坪草样品(若取样后材料不能马上测定，应用液氮速冻后保存在 -20 ℃的低温冰箱中)，加 2 mL 80% 甲醇(内含 1mmol/L BHT)，在冰浴下研磨成匀浆，转入 10mL 离心管，再用 2 mL 80% 甲醇(内含 1mmol/L BHT)分次将研钵冲洗干净，一并转入离心管中，摇匀后放置在 4℃冰箱中。

②4℃下提取 4 h，1 000 r/min 离心 15 min，取上清液。沉淀中加 1 mL80% 甲醇(内含 1mmol/L BHT)，搅匀，置 4 ℃下再次提取 1 h，离心，合并上清液并记录体积，弃去残渣。

③上清液进行纯化。

A. 采用 C18 柱纯化法：80% 甲醇(1 mL)平衡柱体→上样→收集样品→移开样品后用 100% 甲醇(5 mL)洗柱→100% 乙醚(5 mL)洗柱→100% 甲醇(5 mL)洗柱→循环。

B. 采用萃取法：取 300 μL 样液，用氮气(N_2)吹干，用 200 μL 0.1 mol/L Na_2HPO_4(pH 9.2)溶解，加等体积乙酸乙酯，涡旋，萃取 3 次，去乙酸乙酯相，调水相 pH 至 2.5，用 200 μL 乙酸乙酯萃取 3 次，合并乙酸乙酯相，N_2吹干。

④将纯化后的样品溶液转入 5 mL 离心管中，真空浓缩干燥或用氮气吹干，除去提取液中的甲醇，用样品稀释液定容(一般 1 g 鲜重样品用 1.5 mL 左右稀释液定容)。

9.4.2 固相抗原型 ELISA 法法测定草坪草样品 IAA 含量

①用方阵法滴定选择各反应物最适工作浓度。

②蒸馏水冲洗酶标板数次，各孔中加入 100 μL“IAA—BSA”复合物(牛血清蛋白)溶液包被于微孔板，4℃下过夜。弃去孔内溶液，用洗涤缓冲液洗涤 3 次，甩干。

③各孔加入 100 μL 0.1% 封闭蛋白溶液封闭，于 37℃下放置 30 min。弃去孔内溶液，用洗涤缓冲液洗涤 3 次，甩干。

④各孔同时加入 50 μL 样品液和 50 μL 抗 IAA PAb 溶液，以加入正常兔血清溶液的孔(非特异吸附孔)为空白调零，于 37℃下放置 60 min。弃去孔内溶液，用洗涤缓冲液洗涤 3 次，甩干。

⑤各孔加入 100 μL HRP-GARIG 溶液，于 37℃下放置 60 min。弃去孔内溶液，用洗涤缓冲液洗涤 3 次，甩干。随后的显色、中止与比色程序同固相抗体型 ELISA 法。

9.4.3 固相抗体型 ELISA 法测定草坪草样品 ABA 含量

①用方阵法滴定选择各反应物最适工作浓度。

②用蒸馏水冲洗酶标板数次，各孔加入 100 μL RAMIG 溶液包被聚苯乙烯反应板的微孔，湿盒于 4℃下过夜。然后弃去孔内溶液，用洗涤缓冲液洗涤 3 次，甩干。

③各孔加入 100 μL 抗 ABA MAb 溶液，37℃下放置 70 min。弃去孔内溶液，用洗涤缓冲液洗涤 3 次，甩干。

④各孔内依次加入 50 μL 待测样液，每个样品 3 次重复，于 15 ~ 20℃下放置 20 min。

⑤加入 50 μL HRP-ABA，于 37℃下放置 60 min。弃去孔内溶液，用洗涤缓冲液洗涤 3 次，甩干。

⑥加入 100μL OPD 基质液，37℃下显色 15 ~ 20 min，加入 50 μL 3 mol/L H_2SO_4中止反

应。用酶联免疫检测仪测定490 nm处各孔的OD_{490}值，求出每份样品重复孔的平均值。

9.4.4 标准曲线的制作

(1)固相抗原型ELISA法(测定IAA)

用IAA母液配制IAA标准参比系列溶液，在同一微孔板上用上法操作。以加入不含IAA的PBS的孔为B0孔，以加入IAA标准参考系列溶液的各孔为Bi孔。以标准IAAme摩尔数的常用对数log[IAA]为横坐标(x)，对应的ln[Bi/(B0 - Bi)]为纵坐标(y)，可得一条$y = a + bx$直线。

(2)固相抗体型ELISA法(测定ABA)

用ABA母液配制ABA标准参比系列溶液(按双倍或四倍系列稀释)，在同一微孔板上用上法操作。以加入ABA母液的孔(非特异吸附孔)为空白调零，以加入不含ABA的PBS的孔为B0孔，以加入ABA标准参考系列溶液的各孔为Bi孔。以标准ABAme摩尔数的常用对数log[ABA]为横坐标(x)，对应的In[Bi/(B0 - Bi)]为纵坐标(y)，得出线性关系，即$y = a + bx$直线。

9.4.5 样品ABA含量计算

将样品孔的OD_{490}值代入$y = a + bx$(y值)，换算出ABA(IAA)摩尔数量(x值)，乘以稀释倍数，除以样品质量(g)，即为每克样品的ABA(IAA)含量。

9.5 注意事项

①草坪草样品各种激素含量分析的高效液相色谱法的整个操作过程中，应注意保持低温及避光条件；样品各种激素的分离效果要好才能进行检测，以保证所测激素组分的色谱峰中不含其他化合物；样品各种激素的浓度变化应在检测器的线性范围内；色谱条件在样品测定过程中要保持固定不变；色谱峰要对称，尽量避免拖尾现象；色谱图基线要稳定。

②每个样品应设置3 ~5个重复，以获得可靠的结果。样品称样与前处理宜快速，称量后用液氮速冻，以减少离体条件等环境因子的影响。

③草坪草样品激素含量分析的酶联免疫法，必须了解所采用抗体的特异性，未经过严格交叉反应试验的抗体不能用于免疫检测，否则会导致错误的结果。

④在整个ELISA操作过程中，每次加样尽可能一致，速度要快，若同时做两块以上的板，应将洗好的板放在4℃下，依次拿出加样。加样时的环境温度不宜过高。不使用边缘孔时，每次加样后，也应在边缘孔内加入相应的溶液；在正式测定之前，应分析几个典型样品的稀释曲线，比较样品稀释曲线与标准曲线平行与否，了解样液中是否含有干扰物质，从而决定是否需要进一步纯化样液；合理确定样品的稀释倍数，以使测定值位于标准曲线的检测范围之内。

9.6 实验作业与思考题

①总结和分析高效液相色谱法与酶联免疫法测定激素含量的优点和缺点?

②比较HPLC与普通液相色谱有何区别?

③比较和分析不同类型草坪草样品各种激素含量的差异及原因?

④以标准激素摩尔数的常用对数log[激素]为横坐标(x)，对应的ln[Bi/(B0 - Bi)]为纵坐标(y)，绘制标准竞争抑制曲线。

第 2 篇

草坪草育种学与草坪建植实验

实验10　草坪草育种试验的设计及实施

草坪草种及品种的选择是草坪建植与养护管理的基础。学习掌握草坪草育种试验设计及实施的方法技术是草坪学科学研究与草坪生产工作者基本技能。因此，通过本实验学习，要求学习掌握草坪草育种试验的顺序排列和随机排列的田间试验设计；了解草坪草育种试验田间设计的基本方法和步骤；学会编写草坪草育种试验种植计划书；能够进行田间区划并熟练掌握试验圃的播种与试验观察记载技术。

10.1　原　理

草坪草育种田间试验是指在田间生产条件下对草坪草种与品种及育种材料、栽培管理措施等进行的一种科学试验方法。草坪草育种试验通过顺序排列(包括对比法设计与或间比法设计)和随机排列(包括随机区组设计、拉丁方设计、裂区设计与条区设计等)的田间试验设计，采取重复和局部控制，能准确的估计出试验处理效应，同时也能获得无偏、最小试验误差估计，从而保证了试验结果的可靠性。

10.2　材料与仪器设备及农药、化肥

10.2.1　材料

白三叶、红三叶、高羊茅、早熟禾、假俭草、狗牙根、结缕草或黑麦草等草坪草种与品种(系)若干个。

10.2.2　仪器设备

测绳、皮卷尺、标签牌与标杆、瓷盘、天平、纸袋、记载本、铅笔、锄头、旋耕机、喷雾器、水桶等。

10.2.3　农药与化肥

旱地用除草剂、复合肥等。

10.3　方法步骤

10.3.1　编制田间试验计划书

在进行草坪草育种田间试验前，必须制订试验计划，明确规定试验的目的、要求、方法以及各项技术措施的规定要求，以便田间试验的各项工作按计划进行和便于在试验过程中检查执行情况，从而确保田间试验任务的完成。田间试验计划书应包括以下内容：

①试验名称和试验目的及其依据。包括现有的科研成果、发展趋势以及预期试验效果。

②试验年限和地点、试验材料。

③试验设计：包括田间设计方法、重复次数、小区面积和形状；株、行距；小区区距及

走道的宽度；试验地总面积等。

④对照品种及保护行品种。

⑤播种日期、播种量、播种方法与方式(条播或撒播)。

⑥试验地的基本情况：如试验地气候、土壤与地势、前茬、施肥、耕作方法、土壤状况等。

⑦ 整地与田间管理措施：如灌水、施肥、除草等 。

⑧田间种植简图。

⑨田间观测记载和室内分析测定项目及方法。还可编制田间记载表(见表 10-1)。

⑩试验资料的统计分析方法和要求；草坪质量评价与监测的方法；试验需求经费、人力及主要仪器设备；计划书编制人及执行人。

10. 3. 2　编制种植计划书

拟订试验计划之后，还要编制种植计划书，目的是为试验处理实施到大田做好准备。草坪草育种品种比较试验的种植计划书一般比较简单，内容包括处理种类(或代号)、种植区号(或行号)、田间记载项目等；育种工作各阶段(除品种比较试验外)的试验，则由于材料较多，而且育种试验大多为连续多年进行的试验，一般应包括当年植物材料编号(或区、行号)、上年该材料的种植区号(或行号)、品种或品系名称(或代号)、种植材料来源(原产地、原供种单位或个人或杂交组合亲本名称)以及田间记载项目等。为避免混乱，所有供试育种材料的每行(小区)均应编号。一般习惯用Ⅰ、Ⅱ、Ⅲ…代表重复号，1、2、3…代表行(小区)号。不同年份或不同季节或不同地点育种材料可在编号前冠以不同年号或季节号或地点号，以区别不同年份或不同季节或不同地点的育种种植材料。如 2015 早海 1(或 15ZH1)表示为 2015 年早季在海南岛的第 1 号育种试验材料。育种试验的同一年份的不同育种试验圃的育种试验材料编号应避免编相同的号码，可将原始材料(亲本)圃编号为 P1、P2、P3…(或 101、102、103…)；选种材料编号为 15 早 1、15 早 2、15 早 3…(或 201、202、203…)；品种比较试验圃编号为品 1、品 2、品 3…(或 301、302、303…)。材料较多时，为了避免编写区号时发生生遗漏或重复，可用打号机顺次登记试验当年区号。种植计划书的内容可以根据需要灵活拟订，应遵守便于查清育种试验材料的系谱来源和历年表现的原则，以便对试验材料进行进行评定和总结。

此外，试验计划与种植计划书对育种工作极其重要，心记不如笔记，一旦遗失或损坏，将造成严重后果，因此，应当加以妥善保管。最好应备有复本，以防不测。一般可将一本种植计划书专门用于田间试验种植，并在完成播种与移栽后绘有育种材料田间种植图，以后专门用来作田间观察记载。再将所有记载试验内容另外抄写一份种植计划书或贮存于计算机，加以妥善保管，以便查阅。田间记载一般用铅笔记载，不用钢笔或圆珠笔记载，防止雨滴、水或汗损坏，或长期保管后褪色，使记载资料数据模糊不清或难以分辨。

10. 3. 3　试验地的规划

草坪草育种田间试验应重视试验地的选择。试验地地选择不当，会直接影响试验结果的准确性。选择试验地时应注意试验地应有代表性；地势应力求平坦整齐；试验地段土壤肥力应均匀一致；试验地段设置应考虑管理方便。确定试验地后，应先作好试验地的规划后再进行田间种植作业。试验地的规划即试验小区的设置主要包括确定适当的试验处理数目、小区面积和形状、重复次数及设置对照区和保护行(区)等问题。

(1)试验处理数目

一个试验往往有很多试验处理。但处理数目过少，影响试验的准确性及代表性，试验效果差，意义不大；处理数目过多，用地面积大，肥力差异悬殊，工作量大，往往同一段时间难以完成一次田间管理操作或试验数据记载，也影响试验结果的准确性。因此，试验处理数目应根据试验目的和要求确定。如一组育种品种(系)比较试验的品种数目一般以 10 个左右的品种(系)数目为宜。

(2)小区的面积和形状

采用适当的试验小区面积，可以减少由于土壤肥力差异所引起的误差。一般情况下，随着小区面积的不断增大，误差逐渐减少。但是，减少不是成比例的，试验精确度的提高程度往往落后于小区面积增大的程度。小区增大到一定程度后，误差的降低就不明显。所以，如果采用很大的小区，并不能有效地降低误差，却要多费人力和物力。对于一块一定面积的试验地，增大小区面积，重复次数必然要减少，所以要权衡得失大小。总的来说，增加重复次数比增大小区面积更能有效地降低试验误差，提高精确度。

试验小区面积的大小决定于试验的性质与要求，试验品种(系)的多少，每个品种(系)的种子量，试验可利用土地面积的大小，重复次数的多少以及劳动力状况等。如育种试验初期，因处理很多，或各育种材料量少，小区面积应减少；育种试验后期的品种比较试验与品种(系)生产栽培试验，为了使试验接近实际生产水平，减少小区边际影响(田间试验中处在边缘的小区或小区边行，往往因通风透光条件较好而比中间小区或小区中间行长得好，这种差异称作边际影响。)和相邻小区对试验结果的影响，一般小区面积宜大些。另外，土壤差异与小区面积大小也有关系，土壤差异大的试验地，小区面积应大些；土壤差异小的，小区面积可以小些。

试验小区的形状一般有 2 种，正方形和长方形。采用哪种形状，多从误差大小、田间操作是否方便两方面考虑。长方形不易独占肥力斑块，如处理较多时，各小区按窄边排在一起，不致占地太长，可减少趋向式肥力差异引起的误差。在田间作业时长方形试验小区比较方便，如用机器操作，可减少机器转弯次数。所以，试验小区的形状一般以长方形较好，长宽比例通常为 3:1 至 5:1。大区试验的长宽比例不受此限制。对邻区边行影响较大的试验，如肥料试验、灌溉试验、病虫害防治试验等，宜采用正方形的小区形状，以减少边行影响的面积 。

(3)确定重复次数

重复次数是指同样的处理重复设置。如果同样的处理种植两个小区，就是 2 次重复，以此类推。试验小区设置重复能使各小区均匀地分布到不同肥力水平的地段中去，可以减少试验误差，提高试验的准确性。任何试验，只能通过设置重复，才能估计试验误差，设置重复愈多，试验误差愈小，但需增加土地面积与试验用工。

重复次数决定于试验要求的准确程度，每个试验材料的变异性和种子数量，小区面积和处理(育种试验材料)数目，土壤肥力的差异程度等。一般育种试验设置 2 ~ 3 次重复即可。在生产条件下进行的大面积品种生产试验，一般不设重复。土壤差异小，对试验准确性要求不太高，试验材料变异性小，重复次数可少些。如处理数目或品种数目在 4 个以下，重复必须多于 4 次，才能获得比较准确的结果。

(4)小区区距、走道及保护行的设置

试验小区之间要有间隔，称为区距。区距的宽度以草坪草种类不同而异，一般在 0.3 ~ 1 m 左右。高草的草坪草区距需要宽一些；而矮草的草坪草则相对窄一些。重复与保护行区之间、重复之间要有走道，以便于在生长期间的田间观察记载和划分界限。走道宽度一般为 0.3 ~ 1 m。

草坪草试验地周围必须设置保护行，以减少边际影响和人畜与机械的践踏和损害。保护行的多少可视试验地具体情况和草坪草种类而异，可以酌情处理。在整个试验区周围，一般播种 1 ~ 1.5 m 的保护行。

(5)试验地面积的计算及对照区的设置

试验地总面积的计算是重复次数乘以每个重复内的小区数再乘以小区的面积，加上所有的区距、走道和保护行的面积。同时要求计算出整个试验面积的总长度和总宽度，以便于田间区划。

有比较才能鉴别，田间试验必须设立对照区(check plot，又称标准区，以 CK 符号表示)。对照处理应该是当地大面积推广品种或广泛应用的草坪草养护管理措施。设置对照的目的，一是在田间对各处理进行观测比较时，有利于作为衡量品种或处理优劣的标准；二是利用对照区估计和矫正试验地的土壤差异。通常在一个试验中设置一个对照，但有时为了适应某种要求，可同时用两个不同特点的处理作对照。对照区设置的方式可分为顺序式与非顺序式两种。顺序式设置是指每隔一定数目的处理设置一对照区，分布于整个试验田。非顺序式设置是把对照也作为一个处理，与其他供试处理一起，在区组内的小区上作随机排列。

(6)区组及各小区的排列

各个重复试验区(区组)的排列取决于试验地的形状，可以依次排列，也可以并排排列。在采用顺序排列法时，不同重复可以采用逆向式或阶梯式来安排各小区位置。采用随机区组排列法时，可用抽签法或随机数字表来安排小区顺序。

(7)田间区划

田间区划是根据种植计划书，把纸面上的种植图具体落实到试验地。在规划试验区时要注意位置恰当，形状整齐，各小区呈规则的长方形。区划时根据已算出的试验区的总长度和总宽度，首先在试验区较为整齐的一边定出一条直线，然后拉直测绳，踩出一条线，再以勾股弦定律确定出与此直线垂直的另一条边。再用同样方法确定出第三条边，再连接两端点即为整齐规则的试验区。

将参加实验同学分组，按除草剂使用要求预先 7 ~ 15 d 前用除草剂进行育种试验用地的杂草灭杀作业。然后用锄头与旋耕机等机具翻耕土地和施用基肥，进一步划出每个重复的小区长度及走道宽度，再划出小区宽度和区距宽度，依次分别用测绳把小区面积的长、宽直线划出，再按育种试验田间种植图整理田间试验各重复小区备用。

10.3.4　准备供试材料

①将供试草坪草种与品种(系)材料种子取出，加以整理和清选，去掉种子内夹杂的其他种子、杂草种子以及土块、石子、茎秆等，再用种子筛选出大而饱满的种子。然后测定千粒重，进行发芽试验，以确定各材料的发芽率等。根据种子的发芽率、净度、千粒重，计算出小区播种量。如暖季型草坪草种采用草茎作为播种材料，则准备相应供试材料的草茎，并注

意保持其活力。

②按计算出的小区播种(草茎)量将各小区种子(草茎)分别称出，装入纸袋(或网袋)，纸袋内外放挂写明种与品种(系)名称及种子数量的标签，并将对照品种种子(草茎)依上法同样处理。

③对各草坪草种与品种(系)种子(草茎)进行田间种植图排队编号，如采用对比法排列，可每隔两个品种(系)设一个对照品种；如采用间比法排列时，可每隔 4 ~9 个品种(系)设一个对照品种；如采用随机区组法排列时，每一个重复内设一个对照，并尽量不使草坪草相同种与品种(系)排列于同一直线的不同重复小区。

10. 3. 5 播种

①对照草坪草育种试验的田间种植图，先按小区顺序将种子(草茎)袋一一排列，每一个重复的放在一起。然后对号入座，将种子(草茎)袋依次放在各田间小区内。排列完毕，经与种植简图核对无误时方可播种。

②按规定的播种量进行撒播或规定的行距划行，人工开沟，沟要开得平直，深浅一致，深度和长度均达到规定要求。

③将种子(草茎)倒在瓷盘或纸上，根据小区播种的行数多少，将种子分成均匀的几份，每一份种子播种一行。用手进行撒播时要尽量均匀，播完后可根据草坪草种类型加以不同覆盖或复土耙平，将种子袋压在小区头上。全部试验小区播完之后，收回纸袋。在收纸袋过程中，要与田间种植畔逐一进行核对，如果发现错误，立即记入种植图中，以勉混乱。

同一试验圃要求在同一天播完，至少同一重复各小区要在同一天内播完 。

播种是按种植简图进行的，但在播种过程中，有时由于临时变更，或播种中的差错，小区排列可能有所变动。所以播种完毕后要依据简图，按最后的实际播种情况画出正式的田间种植图，作为以后观察记载时查阅之用。

10. 3. 6 养护管理

草坪育种试验的新建草坪成坪前的初期管理对成坪和以后的利用均具有极其重要的意义，尤以播种法的幼坪养护管理更为重要。播种初期如遇干旱，应注意及时浇水抗旱；如播种时为了保温或为了遮阳加盖了覆盖物，还应及时移去覆盖物。同时，还应注意及时进行杂草防除作业。草坪成坪后还及及时进行修剪、施肥与覆沙等项作业。

10. 3. 7 观察记载与结果分析

草坪草育种试验应根据试验目的与要求及时记载各处理的播种期、出苗期、成坪期、抽穗期、开花期、成熟期等物候期；还应定期观察记载草坪颜色、均一性、密度、盖度、高度、质地等外观质量指标；草坪植物组成、抗逆性、绿期、植物生物量等生态质量指标；草坪弹性与回弹性、球滚动距离、摩擦力、强度、硬度、刚性、恢复能力等草坪使用质量指标及各种草坪基况质量指标。

草坪草育种阶段与年度试验完成后，应及时对其试验结果进行总结分析，写出完成具体的草坪草育种试验总结报告。

10. 4 实验作业与思考题

①以红三叶、白三叶、高羊茅、早熟禾、狗牙根、结缕草或黑麦草等草坪草种及品种

(系)若干个为材料，设计一随机区组试验，比较各草坪草种与品种(系)若干农艺性状或坪用形状指标的差异。

②提交草坪草育种试验实习总结报告与记载本。

10.5　实验附表

表 10-1　草坪草育种田间试验计划说明书

<table>
<tr><td colspan="3">试验名称</td><td colspan="4"></td><td colspan="3">试验人</td><td colspan="2"></td></tr>
<tr><td colspan="5">试验目的及主要研究内容</td><td colspan="2"></td><td colspan="3">试验地点</td><td colspan="2"></td></tr>
<tr><td colspan="5">种子(草茎)来源及生产年份</td><td colspan="7"></td></tr>
<tr><td colspan="5">种子(草茎)处理情况</td><td colspan="7"></td></tr>
<tr><td colspan="3">试验区总面积</td><td colspan="4"></td><td colspan="3">前作及试验地概况</td><td colspan="2"></td></tr>
<tr><td colspan="2" rowspan="7">田间设计</td><td colspan="3">供试品种(或处理项目)</td><td colspan="7"></td></tr>
<tr><td colspan="3">对照品种(或处理)</td><td colspan="2"></td><td colspan="3">小区形状及面积</td><td colspan="2"></td></tr>
<tr><td colspan="2">排列方法</td><td colspan="3"></td><td colspan="3">重复次数</td><td colspan="2"></td></tr>
<tr><td colspan="2">行距</td><td></td><td>株距</td><td></td><td>区距</td><td></td><td colspan="2">走道宽度</td><td></td></tr>
<tr><td colspan="3">播种量</td><td colspan="7"></td></tr>
<tr><td colspan="2">播种方式</td><td colspan="3"></td><td colspan="3">覆盖品种</td><td colspan="2"></td></tr>
<tr><td colspan="2">播种期</td><td colspan="3"></td><td colspan="3">保护行品种名称</td><td colspan="2"></td></tr>
<tr><td colspan="5">本年耕作、施肥、灌水及田间管理计划</td><td colspan="7"></td></tr>
<tr><td rowspan="3">实施情况</td><td colspan="4">耕作、施肥、灌水及养护管理是否符合要求</td><td colspan="7"></td></tr>
<tr><td colspan="4">试验区的规划、播种有无差错</td><td colspan="7"></td></tr>
<tr><td colspan="4">本年气象特点及自然灾害</td><td colspan="7"></td></tr>
<tr><td colspan="5">编写日期</td><td colspan="7"></td></tr>
</table>

注：本表背面绘制田间种植图

实验 11　草坪草的育种程序参观及其田间选择

草坪草育种工作，从搜集观察原始材料、选配亲本、进行杂交与诱变等创造变异、对变异后代进行选择、直到确定品种能否推广，需要经过一系列工作环节才能完成，这些工作环节组成了草坪草的育种程序。而草坪草经过自然或人工变异后代的田间选择是草坪草育种工作的重要环节。因此，通过参观学习了解草坪草的育种程序及其田间选择方法技术，能够学习掌握草坪草育种的大致过程；练习和掌握草坪草育种工作中单株选择和混合选择的基本方法；学习掌握草坪草育种各试验圃的设计和主要工作内容。以达到增强草坪草育种程序的感性认识，加深草坪学及草坪草育种学课堂讲授内容的印象，建立从事草坪学研究与草坪生产及草坪草育种和良种繁育工作的基础。

11.1　草坪草育种程序的概念与育种不同试验阶段的试验技术

11.1.1　草坪草育种程序的概念

草坪草的育种程序是由一系列很细致的工作阶段组成，一般包括选种试验和品种(系)比较试验两个阶段，根据工作进行的先后可细分为原始材料圃、选种圃、鉴定圃、品种(系)比较试验圃、生产试验与品系繁殖圃、区域试验(多点品比试验，审定品种区域试验一般由种子管理部门组织另行进行；实行登记品种区域试验可由育种单位组织进行)等。这是一般的草坪草育种程序，实际育种过程中，应根据实际情况灵活运用，以便多、快、好、省地选育出草坪草新品种。如选种圃中特别突出的稳定材料，在种子数量允许时，可越级参加新品种(系)比较试验。

11.1.2　草坪草育种不同试验阶段的试验技术

(1)原始材料圃与亲本圃

草坪草种质资源是选育新品种的物质基础。根据育种目标，要广泛收集国内外各育种单位及生产单位选育的新品种(系)、地方品种、野生群体、各种生态型及通过杂交诱变等创造变异方法所获得的类型。

各种原始材料可根据育种计划，除作种质资源长期保存外，应统一安排田块集中种植，以便观察同一来源材料和不同来源材料的差异。株行(一个单株的后代)、株系(一个株行的后代)与品系(一个株系整齐一致的后代)种植株数可大体一致，重点亲本材料则可多种植。原始材料圃与亲本圃的养护管理措施应与育种目标相一致，以便观察比较与利用。

亲本圃的各亲本材料可种植在田边地头或采用盆栽，以方便进行杂交与诱变处理。

(2)选种圃

选种圃种植育种过程中杂交或诱变等创造变异的杂种第一代(F_1或M_1)、杂种第二代和从杂种第二代或变异世代选择单株的后代及以后世代所选单株的后代(株行或株系)。从中选择所需要的个体或类型。选种圃阶段每一株系或无性系的种子(草茎)数量有限，一般都种植在不设重复的小区中，种植的行长或行距及株数应根据草坪草种类而定。为了进行比较，一般每隔 9 个株系设一对照。对照品种一般为当前草坪生产上的主栽品种。对主要的生物学与生态学特征特性、坪用性状、病虫抗性和抗逆性凭目测作出鉴定结果；根据选择目标从众多株系中选择出优良的株系继续扩繁或下年(季)升入育种程序下级试验圃，同时，剔出淘汰不良株系。

(3)鉴定圃

鉴定圃种植鉴定从选种圃中入选的优良株系。如入选的株系种子(草茎)数量较少时，只种植一个小区，不设重复。为了避免由于土壤差异所产生的影响，每隔几个小区种植一个对照小区。小区面积、株行距及种植方法等应依据草坪草种类而定。如果入选的株系种子(草茎)数量较多时，可设置 2 ~3 次重复，采用顺序排列法，每重复仍设对照小区。顺序排列是在育种早期当育种材料多时采用，尤其对于目标性状鉴定需要在短期内完成比较有效。其缺点是相同组合后代株系经常彼此靠近在一起，影响不同基因型间相互比较的准确性。根据坪用性状比较及其他农艺性状的观察等结果，淘汰不良株系，入选材料称为品系(strain)，进入育种程序下级品种(系)比较试验。

(4)品种(系)比较试验

进入品种(系)比较试验的品系数目较少，应在小区面积较大、设有重复、接近生产的条件下进行更为精确的试验，以确定最优品系的适应性、丰产性及抗性等。

品种(系)比较试验多采用随机区组试验。参试品系的数目一般以 10 个左右为宜，最多不超过 20 个。品种(系)数目过多使试验的局部控制比较困难，品种(系)数过少则方差分析的误差项自由度减少，不易鉴别出品系间的差异。草坪草品种(系)比较试验重复 3 ~4 次，小区面积 2 ~6 m^2。

(5)生产试验与新品系繁殖

草坪草育种生产试验是在较大面积的条件下，对优异的新品系(品种)进行试验鉴定。由于试验面积大，试验接近生产条件，因此试验的代表性强。参加试验的品种(系)数不宜过多，也要设对照品种，进行适当的重复，在地力均匀的地块也可一个品种种植一区，面积大小根据草坪草种类及种子多少而定，一般以小区面积 200 ~1 200 m^2 为宜。

另外，在进行品种(系)比较试验的同时应该设立优良品系的种子(草茎)繁殖区繁殖种子(种苗)。种子繁殖可采用适当稀植等方法提高种子产量和质量，并尽可能保证品系的纯度，防止生物学混杂和机械混杂。

(6)区域试验

草坪草育种单位育成的或引进的优良主要品种在生产上推广应用之前，必须先经过品种审定机关统一布置的品种区域试验，以确定其利用价值、适应范围和推广地区，为品种布局区域提供依据，使新品种充分发挥其增产作用，同时，也是避免品种杂乱的重要措施。

品种区域试验分别由国家农业部与各省、市、自治区两级农业行政部门主持及组织实施。它是多点联合品种比较试验，其试验点的选择、试验设计、各品种试验年限、参加区试品种条件及区试总结等均主持与实施部门制订统一科学的规章制度，照章进行。

草坪草新品种申报国家草品种审定可申请参加全国草品种区域试验；如果只申报省(自

治区、直辖市)草坪草新品种登记，则可由育种单位经当地省(自治区、直辖市)农业与林业行政主管部门认可，自行组织草坪草新品系的多点联合品比试验，并适时举行新品系专家现场评比鉴定会。

11.2　材料与仪器设备

11.2.1　材　料

白三叶、红三叶、早熟禾、高羊茅、黑麦草、狗牙根、结缕草等草坪草育种试验的各试验圃田块及其种植的各育种试验材料与生产、利用区。

11.2.2　仪器设备

皮尺、带线标签或纸牌、种子袋、小尺、粗天平与杆称、铅笔、纤维绳、小剪刀、小锄头与小铲、草坪草育种试验的规划和说明书、试验记载本与田间种植图、各种记录表格与工具袋等。

11.3　方法步骤

11.3.1　草坪草的育种程序参观

在教师的指导下学生去专门草坪草育种试验田与生产利用现场进行参观，在参观的过程中，教师可结合草坪草育种试验田现场情况进行讲解；另外也可在去试验田现场之前，先集中在实验室内讲解有关育种程序的基础理论知识，以便学生更好地理论联系实际进行参观，学习和掌握草坪草育种的基本过程。

11.3.2　草坪草育种的田间选择

本实验实习以不同草坪草若干农艺性状与坪用性状为田间选择目标，目的在于培育生育期适宜、坪用性状好、抗逆性与抗病虫性强的各草坪草新品种(系)。在进行田间选择时，重点选择坪用性状好的、绿期长、抗逆性强的各种草坪草单株。还应注意选择生长健壮无病虫害的植株。

(1)单株选择法

①在狗牙根、结缕等暖季型草坪草草茎叶绿色生长季节或进入冬眠转黄前约 15 d 前或黑麦草、高羊茅等冷季型草坪草草茎叶绿色生长季节或进入夏枯前约 15 d 前，根据选择的目标性状每人选择 2 个单株或单茎，选好后分单株吊好标牌，写上选择地点、日期、品种名称及选择人，并将其连根系泥土用小铲挖取，另行移栽或进行营养繁殖，将当选的不同单株或单茎分别按单株或单茎种植成不同的株系圃，比较不同株系圃与原始群体的坪用性状及抗逆性表现，选留表现优良的株系圃，另行移栽或进行营养繁殖形成不同株系群，进入下轮品系比较与生产试验，继续与原始群体进行品系比较鉴定试验。同时，继续进行单株选择，通过不断的选择单株移栽或单茎营养繁殖，可最终选育出坪用性状好、抗寒性好的各种草坪草新品种(系)。

②此外，也可在狗牙根、结缕等暖季型草坪草草或黑麦草、高羊茅等冷季型草坪草种子成熟期，根据选择的目标性状每人选择 2 个单株，按单株收获带回室内考种。选留下的单株，按株编号，分别脱粒保存。第二年将选留的各单株的种子播下，每一个单株播种一小区，每隔 10 小区种一小区原来的品种作比较。根据目标性状及产量等情况选留好的小区，淘汰不好

的小区，第三年把选留的各小区进行初步比较试验，在细心观察和对比的情况下，再淘汰掉一部分表现差的小区，选留好的小区。即可进一步进行比较试验和繁殖种子，以便通过鉴定在生产上应用。

(2)混合选择法

①在各草坪草种子成熟前几天，在其种植大田中，根据选择的目标性状进行选择，每人选择 20 株，选好后捆扎在一起，拴好纸牌，写好采集地点、日期、品种名称及选择人。带回进行室内考种，将不良的单株除掉，入选的单穗混合脱粒保存。

②第二年将混合脱粒的种子，一部分进行比较试验，与对照品种和原始群体进行比较；另一部分种在大田，供第二次选择优良单株。将选上的单株进行室内考种后，当选的全部单株混合脱粒。

③第三年，将上年混合脱粒的种子植株群体进行比较试验，与对照品种、原始群体和第一选择的种子植株群体进行比较。另一部分种在大田，供第三次选择优良单株。入选者再全部混合脱粒，供下年比较和选择，直到选出性状稳定的新品系。

④在狗牙根、结缕等暖季型草坪草草茎叶绿色生长季节或进入冬眠转黄前约 15 d 前或黑麦草、高羊茅等冷季型草坪草草茎叶绿色生长季节或进入夏枯前约 15 d 前，选择坪用性状好、抗逆性好的草坪草多个单株或单茎另行移栽或进行营养繁殖，种植成多个单株或单茎混合种植的群体，与原始群体进行比较试验。同时，连续多年进行混合选择，将选择的多个单株混合移栽种植或多个单茎混合营养繁殖，比较其混合单株或单茎群体与原始群体的坪用性状与抗寒性表现，可最终选育出坪用性状好、抗逆性好的草坪草新品种(系)。

11.4　实验作业与思考题

①根据教师讲解和实地参观的资料，填好表 11-1，并统一上交教师批改实验报告。

表 11-1　草坪草育种程序数据填报

项　　目	原始材料圃	选种圃	鉴定圃	品比试验圃	生产试验与品系繁殖	区域试验
主要任务						
材料来源及数目						
小区面积及形状						
种植方式与株行距						
对照区有无及设置方式						
田间排列法及重复次数						
试验年限						
保护行有无及设置方式						
试验总面积						
主要工作内容						

②比较草坪草育种程序中各试验圃的异同及其相互联系。

③每人交单株选择和混合选择的种子(单株或单茎)若干份，并附有田间选择项目表和室内考种项目表等方面的记录。

实验 12　草坪草的开花习性观察

草坪草的开花习性是我们进行草坪草生物学与生态学研究及育种工作、草坪建植与养护管理必备的基本知识。观察草坪草开花习性主要是为从事草坪学研究与草坪生产及利用提供依据。通过本实验学习，要求学生掌握草坪草开花习性观察的方法技术；了解草坪草不同种及品种开花习性的差异及其合理利用。

12.1　材料与仪器设备

12.1.1　材料

白三叶、红三叶、早熟禾、黑麦草、高羊茅等冷季型草坪草上半年开花季节的大田种植材料。

12.1.2　仪器设备

时钟或表、放大镜、镊子、剪刀、干湿球温度计、标签、记录本、铅笔、手电筒等。

12.2　方法步骤

本试验可选用上述草坪草材料，对这些草坪草的花器构造与开花期、开花持续期、植株与花序的开花顺序、开花强度、每日开花时间、每朵花的开花时间、花粉活力与柱头授粉能力等开花习性特点进行系统观察记载和总结。具体方法步骤如下。

(1)花器构造的观察记载

说明观察草坪草的花序类型；每个花序与每小花的构造特点；每朵小花雌蕊与雄蕊个数及构造特点；每穗有多少轴节等。

(2)开花期和开花持续期的观察记载

①一株草坪草从第一朵花开放到最后一朵花开毕所用的时间称为花期。大田开花期一般采用整体观察，即小区内20%植株开花为初(始)期；50%开花为开花期；80%开花为盛期。

②在观察开花期时还要了解由出苗(返青)至开花所需天数；由出苗(或返青)至种子成熟所需天数；由开花至种子成熟所需天数。

③开花持续期包括以下的观察内容：某种(或品种)草坪草的整个开花持续期，是指从试验区开始开花的第一天算起，一直到开花结束为止所需天数；一个植株的开花持续期，是指全株从开始开花到全部小花开放结束所需天数；一个花序的开花持续期，是指一个花序由第一朵小花开放至最后一朵小花开花结束所需天数；一朵小花的开放持续期，是指一个小花由开颖至闭颖所需的天数(或小时数)。

(3)开花顺序的观察记载

①草坪草的开花是按一定的顺序规律进行的，如有的从花序上部依次向下开花，有的从

花序中部开始开花。由于同一植株或同一花序小花开放早晚的不同，因而其种子成熟时间也不一致，并且其种子饱满度也有差别。

②观察开花顺序一般采用树形线条图示法，即用主直线条代表植株主茎或主花序，主直线条分支线条代表植株分枝或分花序，分支线上各园圈代表各朵小花，各园圈内注明记载每朵小花开放日期和时间。每一个观察品种可取 10 株进行系统观察，在抽穗开花后用标签注明主茎或主穗的开花日期和时间。考虑到草坪草不同种及品种白天、夜间均有开花的可能，因此，从 0 ~ 24 h 之间，每隔 2 h 观察 1 次，并在树形图式上注明植株上每一朵花开放的日期和时间。为清楚起见，可将同一天开放的小花在图上用线连接起来。开花全部结束之后，研究每一植株与每一花序开花的的图式，并确定它开花时间的长短以及花序上的开花顺序。

(4) 开花强度的观察记载

①开花强度包括开花盛期与开花盛时等指标。很多草坪草在开花期仅某些天开花最盛，或一个昼夜的循环中仅占某一段时间开花最多，具有开花的昼夜周期性和开花高峰。开花强度反映了草坪草开花的动态，通过观察可以了解某种(品种)草坪草开花期中那些天开花最盛和一天中那些时间开花最多。

②调查草坪草开花达到高峰日期的方法，是选择 10 个花序，记载小花总数，然后每天观察一次，将已开花的小花去掉，分别记下第 1 天，第 2 天及以后各天的开花数目，并将每天开花数换算成它在开花总数中所占的百分率，从而了解草坪草开花期中那些天开花达到高峰。如果能制成曲线图，则更为清楚。

③一昼夜内的开花强度是指从 0 ~ 24 h 的时间内草坪草开花的强度，反映了一天中的开花动态。对于确定草坪草杂交的时间很有帮助。方法基本同上，但需在一天时间内每 2 h 观察记载一次，连续几天，将结果列入表中并绘出曲线图。

表 12-1　草坪草开花期每日的开花强度

花序 日期	1	2	3	4	5	6	7	8	9	10	……	开花百分率(%)
第 1 d												
第 2 d												
第 3 d												
第 4 d												
第 5 d												
……												

表 12-2　草坪草一昼夜内的开花强度

花序号 时间	1	2	3	4	5	6	7	8	9	10	……	开花百分率(%)
0 ~ 2 h												
2 ~ 4 h												
4 ~ 6 h												
6 ~ 8 h												
……												

(5)小花开放动态的观察记载

小花开放动态是指小花开放过程中各个阶段形态的变化和所需的时间等。包括开颖、花药伸出、柱头外露、散粉、闭颖等过程及各段所需时间，开花全过程所需时间等。详细记载上述过程并绘出开花的简图。

(6)子房膨大规律及成熟的观察记载

授粉后第 5 d 开始，每隔 3 d 采集已授粉籽实样品 10 粒，观察其大小、颜色、形状等特征。当籽实内呈白色乳状时为乳熟期；乳状物凝固呈现腊状时为腊熟期；籽实变硬，呈现正常大小，颜色为黄色时为完熟期。在观察籽实成熟的过程中，还应测定不同成熟期籽实的发芽率和千粒重。以便确定授粉后多少天种子才具有发芽能力。

(7)结实率的观察记载

统计每个花序开花总数和结实数，即可求出结实率。

$$结实率(\%)=(结实数/开花数)\times 100$$

表 12-3 草坪草授粉后的籽实发育情况

授粉后天数	籽实发育情况							乳熟期	腊熟期	完熟期
	长度(mm)	宽度(mm)	厚度(mm)	颜色	形状	千粒重(g)	发芽率(%)			
第 5 d										
第 8 d										
第 11 d										

12.3 注意事项

草坪草开花习性观察时需要注意如下事项：

①选好样地。样地要有典型性，密度适宜，草坪草植株生长发育良好。一般在 1 ~ 2 m 长 3 ~ 5 行的区间内选 10 个花序为宜，挂好标签，写明草坪草种与品种名称及观察日期。

②开花的标准。大多数草坪草属于禾本科或豆科植物，它们的一般开花标准如下：

A. 豆科草坪草开花标准：以旗瓣向外展开，龙骨瓣露出翼瓣之间为准。

B. 禾本科草坪草开花标准：以外稃向外开张一定角度，柱头露出，花药下垂为准。

③观察开花习性的时期。一年生草坪草在播种当年进行观察；多年生草坪草以生长第 2 年为宜。因为这个时期草坪草植株生长旺盛，枝叶繁茂，开花也最为正常。

④气候条件对草坪草开花的影响。气候条件对草坪草开花有明显的直接影响，在进行开花习性观察的同时，应进行开花观察观察时期温度和相对湿度的观测。在草坪草开花期间，如遇异常天气情况，如大风、下雨或阴天等也要记载，以便作为开花习性综合分析时的参考。

12.4 实验作业与思考题

每 10 个人 1 个组选择白三叶、红三叶或本地早熟禾、高羊茅等草坪草为试验材料，在它们开花期定点选取 10 株植株观察其花器构造和开花习性，并完成有关草坪草种及品种的花器构造与开花习性的总结实验报告，并附有该品种的开花模式图、开花期每日与一昼夜的开花强度观测表、授粉后籽实发育情况表等。

实验13　禾本科草坪草的有性杂交技术

草坪草杂交育种方法是草坪草新品种选育的主要育种方法。并且，绝大多数草坪草均属禾本科植物。因此，学习掌握禾本科草坪草的有性杂交技术是从事草坪学研究与草坪草育种工作的基本技能。本实验通过练习和掌握早熟禾的有性杂交技术，通过举一反三，学习掌握禾本科草坪草有性杂交的基本步骤与方法及其注意事项。

13.1　材料、仪器设备与试剂

13.1.1　材　料

早熟禾不同种及品种的开花期植株。

13.1.2　仪器设备与试剂

小剪刀、尖头镊子、带线标签、放大镜、回形针、牙签(粘上一小块粗砂纸)、铅笔、牛角勺、小热水瓶(用于早熟禾温汤去雄)、温度计、隔离羊皮纸袋等。

70%乙醇等。

13.2　方法步骤

13.2.1　熟悉早熟禾的花器构造及开花习性

①早熟禾除进行无融合生殖外，还可进行有性生殖。有性生殖所占的比例依不同早熟禾种与品种及生态环境条件不同而异。早熟禾是异花授粉植物，但强迫自交也能结实，其自交率变化较大。草地早熟禾不同品种的自交率通常为17%～42%；普通早熟禾不同品种的自交率较低，为5%～20%。

②早熟禾为圆锥花序。早熟禾属的草地早熟禾花序长13～20 cm；普通早熟禾花序长2～7 cm；细叶早熟禾花序长4～10cm；波伐早熟禾花序长2～5 cm。早熟禾分枝下部裸露；小穗绿色有柄，成熟后呈草黄色。穗长：草地早熟禾穗长4～6 mm；普通早熟禾穗长1～2 mm，细叶早熟禾穗长3～5 mm。每穗有8～12个轴节，每个轴节着生2～6个穗枝梗，呈互生或半轮互生；每个穗枝梗有1～4个二级分枝，小枝上着生2～6个小穗，小穗呈卵圆形，含2～5小花，每小花含雄蕊3枚，长1～3 mm；雌蕊1枚，柱头呈羽毛状。第一颖长2～3 mm，具1脉，第二颖长3～5 mm，具3脉，外稃纸质，顶端钝，背部有脊，基盘有毛或无毛，内稃短于外稃。

③早熟禾一般在返青后60～70 d开始开花，在湖南长沙地区4～5月生长茂盛，并陆续抽穗开花，5～6月种子成熟后随即脱落，植株即枯萎。中国南方地区在9月份，秋雨来临，自然落地的早熟禾种子即可及时萌发。小花的开放，就整个花序而言，上部的花先开放，之后逐渐向下开，基部的小花最后开放。小穗的小花开放顺序与此相反，先从基部开起，直至顶花。

④早熟禾每穗的开花时间一般持续7～10 d，开花高峰期是在初花后第3～4 d，此时约有

75%的小花开放。就一日而言，在在晴朗无风的条件下，开花时间可从临晨持续到下午 2 时，大量开花集中在上午 7 ~ 10 h，开花最适温度为 17 ~ 25℃，阴雨天不开花或很少开花。小花开放时，内外稃开裂，露出黄绿色的花药，在 15 ~ 20 min 后，柱头露出，花药下垂，散出花粉，花朵开放。早熟禾花药较小，长 1 ~ 3 mm。

13. 2. 2 早熟禾的有性杂交技术

(1)种植亲本

根据早熟禾不同父母本品种生育期长短错期播种，生育期长的早播；生育期短的迟播种，以便父母本品种花期相遇。为确保父本与母本品种花期相遇，还可将亲本品种分期播种。一般母本品种正常播种，父本品种每隔 7 ~ 10 d 播一期，可播 2 ~ 3 期；也可父本与母本品种各播 2 ~ 3 期。

(2)选株与整穗

选株、整穗与去雄工作选择在授粉杂交前 1 d 进行。选择健壮无病虫害的早熟禾植株，去掉花序顶部已开花的小穗和基部发育不良的小穗，每个小穗去掉第三朵小花。

(3)去雄

①人工去雄：用镊子小心夹去每朵小花的 3 个雄蕊即可。

②温汤去雄：将修整好的花序浸在 45 ~ 47℃的温水中 1 ~ 3 min，就能杀死雄蕊中的花粉，达到去雄效果。

③化学去雄：早熟禾花小而且密，人工去雄有一定的难度，可以采用化学去雄的方法，喷施化学杀雄剂来达到去雄的效果。

采用以上方法去雄的植株套袋隔离，以便第 2 d 授粉杂交。

(4)授粉杂交

杂交最好在晴天上午进行。去雄后的第 2 d 即可进行授粉，可以将从父本植株上采集的花粉直接涂抹在母本植株事先已去雄的雌蕊柱头上。也可以用接近法或插瓶法，进行授粉杂交。即将父本和去雄后的母本绑在一起，套袋隔离；或将父本花序剪下，插在水瓶中，移到母本跟前，然后套袋隔离。每杂交一朵花或一个组合时，要用 70% 乙醇棉球擦试镊子和牛角勺等用具。去雄和授粉后立即在花序上套上羊皮纸隔离袋，并在花序下系上标签，用铅笔注明杂交组合父母本(品)种名称与授粉日期及授粉杂交人姓名等。

(5)授粉后的管理

授粉后一二日应及时检查；对授粉未成功的花可补充授粉，以提高结实率，保证杂种种子数量；杂交株要加强管理和保护，剪去过多枝叶；杂交种子并连同标记牌及时收获脱粒，最好同一杂交组合的不同杂交穗单独脱粒；收、晒、藏好杂交种子。

13. 3 实验作业与思考题

①每人杂交早熟禾 5 个花序，其中人工去雄杂交 2 个，温汤去雄杂交 3 个。1 周后检查去雄效果？杂交种子成熟时适时分别收获其杂交种子，检查人工去雄杂交与温汤去雄杂交的结实率差异？

②比较早熟禾人工去雄杂交与温汤去雄杂交方法的差异？影响早熟禾去雄和杂交效果的环节和因素有哪些？总结提高早熟禾有性杂交工作效率的技术要点与注意事项？写出实验报告。

实验 14　豆科草坪草的有性杂交技术

草坪草中除绝大多数为禾本科植物外，还有少量草坪草为豆科草坪草。因此，本实验通过练习和掌握白三叶或红三叶草坪草的有性杂交技术，通过举一反三，掌握豆科草坪草有性杂交的基本步骤与方法及其注意事项。同时，进一步理解掌握草坪草杂交育种的基础理论知识与技术。

14.1　材料、仪器设备与试剂

14.1.1　材料

白三叶或红三叶不同品种的开花期植株。

14.1.2　仪器设备与试剂

小剪刀、尖头镊子、带线标签、放大镜、回形针、牙签(粘上一小块粗砂纸)、铅笔、牛角勺、隔离羊皮纸袋等。

70%乙醇等。

14.2　方法步骤

14.2.1　熟悉三叶草的花器构造及开花习性

①白三叶或红三叶等三叶草花为蝶形花，两性花。完整花由花萼、花冠、10 枚雄蕊和 1 枚雌蕊组成。花萼管上有 5 个裂片和齿。1 枚旗瓣、2 枚翼瓣和 2 枚龙骨瓣的基部联合成花冠管。雄蕊的花丝聚合成花丝管。白三叶的花冠白色或奶油色；红三叶的粉红色。

②三叶草花的子房里一般有 1 ~ 4 个胚珠，也有的多达 10 个。花聚集成头形总状花序，花有梗或无梗，成熟时花瓣通常不裂，下弯(白三叶)或直立(红三叶)。

③三叶草分枝期过后 10 ~ 15 d，即进入现蕾期；7 ~ 10 d 后，第一个头状花序开始开花。从播种至开花约需 70 ~ 85 d，白三叶开花期早于红三叶开花期。

④就一个头状花序而言，红三叶首先从具有二个小托叶的一端开始开放，每日开花时间在一天中，10:00 ~ 17:00 均有开花，但开花最盛时期是在 12:00 ~ 15:00，开花后 2 ~ 3 d 进入高峰，开花期持续 2 周左右。白三叶全枝开花的顺序则是由基部至顶部顺序开放。红三叶与白三叶均为虫媒花，属异花授粉植物，自花授粉高度不孕。

14.2.2　三叶草的有性杂交技术

(1)种植亲本

根据白三叶或红三叶的不同父母本品种生育期长短错期播种，生育期长的早播；生育期短的迟播种，以便父母本品种花期相遇。为确保父本与母本品种花期相遇，还可将亲本品种分期播种。一般母本品种正常播种，父本品种每隔 7 ~ 10 d 播一期，可播 2 ~ 3 期；也可父本与母本品种各播 2 ~ 3 期。

(2) 杂交时间与杂交方法

杂交最好在晴天上午进行。红三叶和白三叶进行有性杂交一般不必去雄，因为它们具有受配子体与等位基因系统控制的自交不亲和性。但是，某些红三叶和白三叶的自交可育系则需要去雄。

(3) 杂交前准备

开花前，每个植株的头状花序用羊皮纸袋套住，防止传粉的昆虫，袋的大小为 9 cm × 14 cm，用细绳扎口。套了袋的头状花序用细绳和植株同样高的木桩支撑。

(4) 去雄

①选取位于主茎上的花序作杂交。为了便于手工操作，修剪头状花序时，每花序只留下 15 ~ 20 朵花。去雄可用镊子夹去花序上已开放的全部小花和发育不全的花蕾，只留花冠比花萼长一倍、两花药为黄绿色呈球状一团的小花进行去雄，去雄时用镊子夹去花药。用镊子把遮盖着龙骨瓣的旗瓣和翼瓣向一旁折转，大拇指和食指轻轻挤压小花基部，即可见到花药。小心地用镊子夹去花药。

②白三叶还可通过直接去掉花冠去雄，用一把镊子夹住花萼顶端与旗瓣至小花顶端中间的花冠外面，去掉花冠管及与其附着的花药，只留下未受损的雌蕊等待受粉。对于去掉花冠也同时去掉了柱头的种类，如红三叶，可采用其他去雄方法。例如，纵向从外面切开花冠和花萼，去花冠和完整的雄蕊，不要损伤柱头。

(5) 授粉杂交

授粉时，先从父本植株上采集花粉。一般选旗瓣和翼瓣已开、只有龙骨瓣未开的发育良好的花序。将牛角勺或木制小匙伸到父本的花中，用小勺压迫龙骨瓣基部即可弹出雄蕊。也可用粘上一小块粗砂纸的牙签插入父本花旗瓣和龙骨瓣之间，并向下轻轻碰击雄蕊管，取出花粉，然后把牙签上的花粉授于雌株的柱头上。一次收集的花粉通常能授 10 ~ 15 个去雄的花。还可直接用镊子将花药夹出。授粉时将采集的花粉轻轻置于雌蕊柱头上即可。每杂交一朵花或一个组合时，要用 70% 乙醇棉球擦试镊子和牛角勺等用具。去雄和授粉后立即将杂交头状花序套上隔离袋，并挂上标签，用铅笔注明杂交组合父母本名称与授粉日期等。

(6) 不去雄杂交

不去雄杂交即母本不去雄，直接授以父本的花粉。进行这种杂交方法时，父、母本的花朵应该选择旗瓣和翼瓣已经张开，但龙骨瓣未张开，雄蕊未弹出的花朵进行杂交。不去雄杂交授粉后立即将杂交头状花序套上隔离袋，并挂上标签，用铅笔注明杂交组合父母本名称与授粉日期等。

(7) 授粉后的管理

授粉后一二日应及时检查；对授粉未成功的花可补充授粉，以提高结实率，保证杂种种子数量；杂交植株要加强管理和保护，剪去过多枝叶；杂交种子并连同标记牌及时收获脱粒，最好同一杂交组合的不同杂交穗单独脱粒；收、晒、藏好杂交种子。

14.3　实验作业与思考题

①每人杂交 5 个花序，其中不去雄杂交 3 个；去雄杂交 2 个。1 周后检查去雄效果？杂交种子成熟时适时分别收获其杂交种子，检查不去雄杂交与去雄杂交的结实率差异？

②比较三叶草不去雄杂交与去雄杂交方法的差异？影响三叶草去雄和杂交效果的环节和因素有哪些？总结提高三叶草有性杂交工作效率的技术要点与注意事项？写出实验报告。

实验 15　草坪草的物理与化学诱变方法及观察鉴定

草坪草的诱变育种是利用理化因素诱发变异，再通过选择而培育草坪草新品种的育种方法。诱变育种一般分为物理诱变育种和化学诱变育种。它具有简便易行、育种周期短及能创造新类型等许多优点。通过本实验要求学生了解物理诱变剂与化学诱变剂诱发草坪草突变的原理及鉴定草坪草有利突变并加以选择培育草坪草新品种的育种程序；学习掌握物理与化学诱变鉴定技术及方法。

15.1　原理

15.1.1　物理诱变原理及物理诱变剂种类

(1)物理诱变原理

物理诱变是利用各种射线辐射引发的生物基因突变或染色体畸变，辐射包括低能的热扩散和高能的光子。射线是物质能量在空间的传递和转移。射线之所以能够诱发变异，是因为它可以在自己运动的轨道上，使基因或染色体的分子结构发生原子电离。当生物体的某些较易受辐射敏感的部位(即辐射敏感的靶)受到射线的撞击而离子化，可以引起 DNA 的链断裂。当修复时如不能回复到原状就会出现基因突变。如果射线击中染色体可能导致断裂，在修复时也可能造成交换、倒置、易位等现象，造成染色体畸变。中子虽不带电，但与生物体内的原子核撞击后，使原子核变换产生 γ 射线等能量交换，这些射线就会引起 DNA 或染色体改变。

(2)物理诱变剂种类

物理诱变剂指能产生各种不同种类射线的各种不同辐射源。辐射源主要有 γ 射线、X 射线(阴极射线)、β 射线、中子、紫外线、激光、植物空间技术辐射(是利用返回式卫星、高空气球、空间站、航天飞机与飞船等各种航天器所能达到的空间环境对搭载植物种子或幼苗的诱变作用产生有益变异)、无线电微波、离子束辐射(离子束辐射既不同于 X 射线、γ 射线等电磁波辐射，也不同于 β 射线等带电粒子的辐射，注入的离子具有能量交换和质量沉积的双重性质)和电子流等。

15.1.2　化学诱变原理及化学诱变剂种类

(1)化学诱变原理

化学诱变剂的诱变原理按作用方式分为如下 5 种：

①直接作用于 DNA 模板：改变模板性质，改变核苷酸中碱基的化学结构或以某种方式破坏 DNA 复制。

②参与 DNA 复制：在 DNA 复制时，碱基类似物像正常的三磷酸核苷那样加入 DNA 链。

③嵌入 DNA 碱基间，引起碱基的缺失或添加，从而造成读码节段的改变，引起移码

突变。

④打断染色体，形成染色体片断、双着丝点染色体等。

⑤抑制纺锤体的形成，作用于细胞分裂期，使细胞分裂在中期停止。

(2)化学诱变剂的种类

化学诱变剂指能与生物体的遗传物质发生作用，并能改变其结构，使其后代产生变异的化学物质。化学诱变剂的种类很多，常用的有烷化剂、核酸碱基类似物、简单有机化合物、简单无机化合物、叠氮化物、抗生素、生物碱等。

15.2　材料、仪器设备与试剂

15.2.1　材料

种子繁殖的草坪草可用种子(干种子或萌动、催芽种子)或幼苗或花粉；无性繁殖的草坪草可用根茎幼枝、匍匐茎、植株幼苗等。

15.2.2　仪器设备与试剂

(1)仪器设备

X光机、原子能反应堆、电子加速器、紫外灯、钴照射源等物理诱变仪器设备与设施；微量注射器、天平、镊子、培养皿、滤纸、纱布、温箱、滴瓶、滴管、直尺、脱脂棉、量筒、烧杯、显微镜、铅笔等。

(2)试剂

X光机、原子能反应堆、电子加速器、紫外灯、钴照射源等物理诱变仪器设备与设施产生的各种物理诱变剂或^{32}P、^{35}S、^{14}C等物理诱变剂溶液；1.0% ~2.0%甲基磺酸乙酯(MES)溶液或其他化学诱变剂溶液；蒸馏水、凡士林、琼脂等。

15.3　方法步骤

15.3.1　诱变材料和部位的选择

(1)诱变材料的选择

选择进行诱变处理的材料的遗传背景对诱变效果具有极其重要的影响，其基因型差异可导致不同的突变频率和突变谱。因此，为了提高诱变育种效果，应根据诱变育种的特点和育种目标及生产要求正确选择诱变材料。

①选用综合性状好，仅存在个别缺点的材料用作诱变材料。这是因为用诱变育种改进一个优良品种的个别缺点比较有效。

②选用遗传杂合的材料作为诱变材料，可增加突变类型和提高诱变效果。

③选用单倍体、多倍体和花药培育的愈伤组织。单倍体经诱变处理后产生的变异容易从表现型上识别，便于育种选择，一旦获得有益的突变体，经染色体加倍后就成为纯二倍体，因而可缩短育种年限；多倍体可随染色体倍数增加而增加其抗诱变剂的遗传损伤能力，从而可减少突变体的死亡率，使突变体后代获得较多变异；花药愈伤组织经诱变剂处理后，即使是隐性突变也能够在处理当代显现出来，易于识别和选择，缩短育种年限。

④诱变材料一般应是遗传稳定的品种，从而使诱变后代鉴定和选择容易进行。但是，为了扩大诱变后代的变异范围，有时也用杂种当代种子进行诱变处理。辐射处理材料，大多为

自花授粉植物及无性繁殖植物。异花授粉植物由于变异丰富，证实确由诱变引起的突变体比较困难，不通过自交很难恢复和利用隐性有利基因，而异花授粉草坪草的自交又可导致其性状衰退，因此异花授粉草坪草利用辐射育种较为困难。

(2)诱变材料部位的选择

草坪草植株各器官组织部位均可进行诱变处理，但由于不同部位对诱变剂的敏感性不同，处理方法的难易不同，因此，应根据研究内容、处理方法和实验条件等，对诱变处理材料的部位应有所选择。一般用作诱变处理的植株材料部位有种子、活体植株、花粉、子房与合子、营养器官、不定芽、单倍体及组织培养体等。

15.3.2 物理诱变方法

(1)辐射诱变剂量的选择

①草坪草的辐射敏感性：草坪草对辐射的敏感性是植物体对电离辐射作用的敏感程度。用以衡量敏感性的指标，因不同草坪草种类、不同照射方法及不同研究目的而不同。最常用的指标有出苗率、存活率、生长受抑制程度、结实率、细胞状态、染色体畸变率等。

草坪草对辐射的敏感性因不同草坪草种类，相同草坪草种的不同品种，相同草坪草种的不同发育时期、不同器官和组织等均存在明显差异；辐射时间、处理方法所用剂量及外界环境条件温度、湿度与氧气等对草坪草辐射敏感性也有影响。而确定合适的诱变剂量是草坪草诱变育种的关键环节，适当的"辐射剂量"是取得良好诱变效果的重要条件之一。

②草坪草辐射剂量的选择：辐射剂量是指单位质量的被照射物质所吸收的能量数值。不同草坪草均有一定范围的适宜辐射剂量，在适宜剂量范围内，能更多地产生新的变异，保持原有的优良性状。一般来说，为了提高诱变效率，选择的适当辐射剂量必须使足够的植株成活，而同时突变频率又相当大。在适宜范围内随着辐射剂量的提高，突变率随之上升，如辐射剂量过大则会造成严重伤害或致死。在育种实践中，一方面可参考前人的育种经验，另一方面则通过试验摸索最适辐射剂量。通常用辐射后的 M_1 代的辐射效应来衡量所选剂量是否恰当。一般采用临界剂量(指辐射后成活率占 40% 时的剂量)作为辐射诱变的最适剂量。

(2)辐射处理类型

辐射处理方法分为外照射、内照射和间接照射。

①外照射：指辐射源在被处理材料外部的照射。外照射常需要有射线发生的专门装置，如 X 光机、原子能反应堆、电子加速器、紫外灯、钴照射源等，并需要专门的处理场所和保护设施；外照射方法具有操作简便，一次可集中处理大批量材料，很少放射污染，安全可靠的特点，因此成为最常用的方法。

目前外照射常用的辐射源是 X 射线、γ 射线、快中子或热中子。按处理材料不同，可将外照射分为种子照射、植株照射、营养器官照射、花粉子房照射与其他植物器官(幼叶、胚状体、愈伤组织、胚和原生质等)的照射等；按处理时间不同，外照射又可分急性照射、慢性照射和重复照射。急性照射是指在较短的时间(几分钟、几小时)内照射完毕全部剂量；慢性照射是指在较长时间(几天、几个月，甚至整个植株生长期内)内照射完毕全部剂量；重复照射指在植物几个世代(包括有性的营养世代)中连续照射。连续外照射对积累和扩大突变效应有一定作用，也有人认为这样会增加不利突变率。总剂量相同，照射方法不同，其产生的生物学效应和诱变效果也有一定差异。

②内照射：将辐射源引入到草坪草植株的器官组织细胞内部进行的照射。内照射具有如下特点：

A. 不均匀性。由于有机体不同发育时期及不同部位的组织代谢状况不同，放射性同位素进入有机体的速度及分布也就不同，导致照射的不均匀性，一般在分生组织等代谢旺盛的部分较强。

B. 辐射衰减性和脱变效应。由于同位素本身会发生衰变，随着机体的发育也会导致同位素稀释，所以有机体内的辐射剂量是在不断地变化的。

C. 剂量低，持续时间长，多数草坪草可在生育阶段进行处理。

D. 内照射优点在于不需建造成本很高的设施，但其不足是需要防护条件；易造成环境污染；处理剂量不易掌握，受一定限制。

③间接照射：利用辐射存在间接诱变的原理，对试材的培养环境(如培养基、培养液)进行辐射，使培养基或培养液中的水分子发生电离，产生强活性基团(HO、O、H_2O_2、H 等)，再将试材引入进行培养。此法在微生物诱变育种中应用效果更佳。

(3)辐射处理方法

电离辐射的射线粒子所携带的能量高，穿透力强，其生物效应要大于非电离辐射，可用于处理较大的草坪草植株材料；非电离辐射由于其光子的能量小，穿透力不强，多用于处理花粉、孢子、细胞、组织和细小的种子。辐射处理的外照射常常需要建立射线发生的专门装置，如 X 光机、原子能反应堆、电子加速器、紫外灯、钴照射源等，因此可将处理材料按不同照射剂量，将必要数量的种子装入小袋中，或直接将其他处理材料，放置专门的照射室进行辐射处理，整个辐射处理工作必须由辐射设施专门负责人员进行。辐射处理的内照射则常采用如下方法。

①浸泡法：配一定浓度的放射性同位素溶液浸泡种子，使放射性元素渗入材料内部。

②注射(涂抹)法：将放射性溶液注入草坪草植株体生长点或涂抹于叶片。

③饲入法(施肥法)：将放射性同位素施于土壤，使植株根系吸收或者将放射性的$^{14}CO_2$供给植株，由叶片吸收，借助光合作用所形成的产物来进行内照射。

15.3.3 化学诱变方法

(1)化学诱变剂药剂配制

由于各种化学诱变剂的理化性质不同，使用浓度范围不同，配制溶液时应区别对待。易溶于水者可直接按所需浓度稀释配制，而不易溶于水者(如硫酸二乙酯等)，一般应先用少量酒精溶解后加水配制成所需浓度。

另外应注意的是，许多试剂的水溶液极不稳定，易产生水解生成酸性或碱性物质而变性。因此，选用适宜 pH 的磷酸缓冲液是确保诱变效果的重要条件。几种常用诱变剂在 0.01 mol/L 的磷酸缓冲液 pH 分别是：甲基磺酸乙酯(EMS)为 7；亚硝基乙基脲(NEH)为 8；硫酸二乙酯为 7。亚硝酸溶液也不稳定，配制时常用亚硝酸钠加入 pH 为 4.5 的醋酸缓冲液生成亚硝酸的的方法。

(2)化学诱变剂处理主要方法

因为草坪草种类不同，处理时期不同，处理部位不同，选取器官不同，所以应选用合适的化学诱变剂的处理方法。常采用的处理方法如下。

①浸渍法：先按要求配制成一定浓度的化学诱变剂溶液，然后将试材浸渍于溶液中，经一定时间处理后，使诱变剂吸入组织内部，发生诱变作用。溶液处理时间过后用清水洗净试材，以免造成污染。该方法常用于处理种子、接穗、插条、块茎和块根等。也可用于幼苗浸根。

甲基磺酸乙酯(EMS)处理种子方法：EMS 为最常用化学诱变剂。在常温下为液体，可取必需量 EMS 原液用蒸馏水稀释，配制成所需浓度的药液。EMS 在水中较难溶，因此配药液过程中可搅拌。EMS 处理草坪草种子常用浓度与时间为 1.0% ~2.0%(V/V)，3 ~6 h；EMS 处理草坪草种子最好先用清水预浸 2 h 左右，以提高诱变效果。

②涂抹法和滴液法：将试剂溶于羊毛脂、凡士林、琼脂等粘性物质中，取适量涂抹于试材处理部位；或将脱脂棉球放于处理部位，用滴管定期滴加药液；或用棉团或毛刷将适量的药剂溶液涂抹在植株的生长点或根茎、匍匐茎的芽上；或直接用滴管将药液滴在顶芽或侧芽上。

③注入法：用微量注射器将药液注入植株处理部位，或者在植株茎上切一浅的切口，然后将浸透诱变剂溶液的棉球经过切口注入。该法常用于生长点、腋芽、鳞茎及其他有机械组织包裹的部位处理；也可用于完整植株或发育中完整花序的处理。

④熏蒸法：将花粉、花药、子房、花序或幼苗单层摆放在密封潮湿的容器或小室中，通处药剂产生的蒸气进行熏蒸处理。选用的试剂一般是沸点较低的液体或易升华的固体，或用专门装置发生气态诱变剂(如芥子气类)。

⑤施入法：选用合适剂量药剂，通过加入培养基中或在相对隔离的栽培环境中，以施肥方式施于植株根部。前者常用于组织、器官、花粉、花药、子房培养阶段的处理。后者则多用于植株栽培过程中作阶段性诱变。

15.3.4 诱变后代培育

经过诱变处理的种子长成的植株或直接处理的植株、营养器官等称为诱变一代，用 M_1 表示。以后各代类推为 M_2、M_3 等。因诱变 M_1 代培育是否成功，直接关系到诱变育种工作的成败，下面主要以 M_1 代的培育为例说明诱变后代的培养方法，诱变其他各世代的培养可参照进行。

(1)细心栽培

由于诱变后引起的生物学损伤，许多植株生长受到抑制，生活力较弱，部分个体还会死亡。为了提高后代存活率与提高诱变率，应注意精心培育和管理。必须精心管理处理后的材料，使细胞、组织、器官尽快恢复其正常生长。尤以温度管理最为重要，通常以 25 ~30℃为好。

(2)科学种植

按处理材料、处理剂量分小区进行点播或条播，设置相同材料的未处理种子作为对照。在种植 M_1 时要通过合理密植来抑制过多的分蘖。诱变 M_2 代及以后各世代种植按常规育种方法相同种植方法处理。

(3)重点培养

由于种子诱变处理时影响到种胚的生长点，分蘖穗仅包含生长点的部分分生组织的细胞群，因此发生突变的概率相对少一些。禾本科草坪草的主茎突变率比分蘖茎突变率高；第一次分蘖茎比第二次分蘖茎的高。因此在诱变草坪草 M_1代应尽能保证主茎(枝)或主穗正常生长，对其进行重点培养，并尽可能抵制分蘖茎(枝、穗)形成。

(4)防止天然杂交

为了防止 M_1代因天然杂交引起生物学混杂，因此最好对其植株能套袋，或将不同品种的群体隔离种植，还应采取措施防止损伤而造成不育。

15.3.5 诱变性状鉴定

为了评价物理诱变剂或化学诱变剂的诱变处理效果，有必要对诱变处理后代的生理损伤与突变性状出现类型及出现频率进行调查鉴定。一般可采用形态鉴定、生理生化鉴定、细胞学鉴定、遗传学鉴定等多种鉴定方法。

(1)诱变性状鉴定世代

物理与化学诱变剂引起的染色体畸变和基因突变大多数为隐性突变性状，在 M_1外观上一般不能表现出来，因此对诱变性状的鉴定世代除少数显性突变性状可在 M_1代进行鉴定外，大多隐性突变性状只能在 M_2代进行；对草坪草杂种当代及后代、异花授粉植物或单倍体的群体进行诱变处理时，M_1代就可能出现诱变性状分离现象，因此对这些材料的诱变性状鉴定应从 M_1代就开始进行。此外，从遗传上分析，M_1是由诱变直接处理当代细胞衍生而来的，多为复杂的突变嵌合体，表现出的形态结构变异大多是不能遗传的变异，因此，M_1代诱变性状的鉴定应区分为不能遗传的突变障害性状与能够遗传的诱变效果性状。

(2)主要诱变障害性状鉴定

主要诱变障害性状鉴定指标有发芽率与存活率、幼苗株高、染色体异常与育性等。

(3)诱变效果鉴定

①M_1植株鉴定与种植收获方法：突变率是指某一突变类型的个体占调查群体总数的百分率，它是衡量诱变处理效果的主要指标。如果突变性状是显性性状，则应在 M_1代鉴定性状突变率，M_1代应按单株种植与分单株采种分析 M_1植株种子(M_2)的突变性状。如果突变性状是隐性性状，则将 M_1植株种子(M_2)分单株种植后，按单株分析 M_2代植株突变性状，按单株或按单穗或按籽粒为单位分析 M_3代的种子突变性状。因此，突变率可用多种表现形式：即如果在 M_1代鉴定诱变效果，则突变率(%)＝［M_1发生突变的单株(单穗)/ M_1种植的总株数(穗数)］×100；如果在 M_2代鉴定诱变效果，则突变率(%)＝［ M_2发生突变的单株(单穗)/ M_2种植的总株数(穗数)］×100；如果 M_1按穗(株)收获采种，M_2按穗行或株行种植，则突变率(%)＝［ M_2发生突变的穗行(或株行)/ M_2种植总穗行(或株行)数］×100；如果 M_1混合收获，M_2混合种植，则突变率(%)＝(M_2发生突变的株数/ M_2群体总株数)×100。

②叶绿素突变体的鉴定：为了比较诱变剂的诱变效果，可将诱变植株苗期的叶绿素缺失突变体(叶绿素突变体)作为衡量指标。植株叶绿体突变存在如下类型：白化苗(植株叶基本为白色，多数情况为谈冰激棱颜色或稍带绿色)；黄绿苗(植株叶为黄绿色或淡绿色)；黄化苗(植株叶变为黄色)；条纹苗(植株叶为间条纹白色)等。此外，有的植株从顶部至基部不同叶片或同一叶片从叶尖至叶基部可能有多种叶绿体突变体类型。这样的混合型叶绿体突变体类可从顶端至基部的不同叶绿体突变类型进行命名，如黄绿—白化苗。

叶绿体突变为隐性突变，可在 M_1代表现，因此应在 M_1代进行叶绿体突变鉴定。

(4)农艺性状突变体的鉴定

草坪草抽穗(苔)期、株高、穗长、粒穗、穗数、坪用性状等等农艺性状的突变体鉴定，一般可根据是隐性或者显性突变性状，在 M_1代或 M_2代按株行(穗行)或按单株(穗或粒)计算不同性状的突变率。

15.4 注意事项

15.4.1 物理诱变处理的注意事项

①辐射处理的种子数量要适当，过少则产生有价值的突变体太少或没有，过多则辐射后代群体过大，增加育种的工作量。

②由于种子的含水量、成熟度和贮藏时间不同，在一定程度上会影响诱变的效果，因此辐射前，应对种子进行精选，选取纯度高、饱满、均匀的种子，并测定其发芽率和含水量。

③辐射处理后的种子应及时播种。如果放置较长时间播种，其辐射所造成的辐射效应有降低的趋势，因此种子经辐射后一般以不超过半月播种为宜。

④采用内照射需要一定防护设备与条件，要遵守有关法规，严格操作规程；同时要预防放射性环境污染。处理过的样本在一定时间内带有放射性，不能食用或饲用。用做内照射的放射性同位素最好选用操作方便且无毒性的核素，目前常用^{32}P、^{35}S、^{14}C 等放射性元素的化合物。

15.4.2 化学诱变处理的注意事项

(1)预处理

化学诱变处理前，一般将处理材料(如种子)预先浸泡，从种子中析出游离代谢产物和萌芽抑制物等水溶性物质，使碳代谢活跃。提高材料对诱变剂的敏感性，增强细胞膜的透性，加速对诱变剂的吸收。经浸泡的种子，处理时间明显缩短。浸泡时温度不宜过高，且需给浸泡的水中通气(流水浸泡)。如在室温下预先将种子浸泡不同时间，在 20 ~ 25℃的条件下进行短期处理(0.5 ~ 2 h)较为适宜。在水中加适量生长素，也有利于提高诱变效果。

(2)诱变处理

诱变效应与化学诱变的浓度、温度、处理持续时间等有关。用低温低浓度长时间处理，药物对细胞伤害作用小，可以提高存活率和突变率，并且低温还可使药剂保持稳定性。因此，采用化学诱变剂处理首先应选择适中的诱变剂浓度。通常可根据作物幼苗生长试验，鉴定各处理对幼苗生长抑制程度来确定处理的适当浓度。使禾本科草坪草生长高度降低 50% ~ 60% 时就是最适宜的浓度，使生长高度降低 20% 的 EMS 浓度最适宜。

其次，处理时的温度要适宜。温度对诱变剂的水解速度影响较大，低温下可保持一定的稳定性，使其在处理过程中保持相对稳定的浓度，并抑制在处理期被处理物质的代谢变化。但也有试验表明，在一定温度范围内，提高温度有良好效果，可促进诱变剂在材料体内的反应速度和作用能力。可选择在低温下(0 ~ 10℃)将种子在诱变剂中浸泡足够时间，然后将处理种子移往新诱变剂溶液内，在 40℃下处理至额定时间，从而可提高种子内诱变反应速度。

最后，处理时间要适当，并且要保证化学诱变剂的活力。处理持续时间必须使受处理组织完成水合作用以及能被诱变剂所浸透。如果处理时间较长，诱变剂可能会水解，从而改变了药液浓度而且可能产生其他物质，降低 M_1存活率。必须在诱变剂水解 1/4 时更换溶液以保持相对稳定的浓度，或使用缓冲液，一般认为使用磷酸缓冲液最好，磷酸缓冲液浓度不应超过 0.1 mol/L，其 pH 值应控制在 7 ~ 9 范围内。此外，处理时，加入二甲亚砜或增大 2 ~ 5 个大气压，可提高诱变剂的穿透力。在处理过程中，还要注意诱变溶液的更换，以保持诱变剂的活性。如果预先浸种后又在较高的温度下(约为 25℃)，用较高的浓度进行短期处理(0.5 ~ 2.0 h)，则不需要更换溶液或缓冲液。

(3)后处理

处理完的植株材料应立即漂洗，以清除后效，防止残留药效进一步损伤材料。不同的诱变剂对冲洗的要求不同。甲基磺酸异丙酯(i-PMS)则不经冲洗即干燥到 15% 的含水量，也未见到增加损伤的现象。化学诱变剂处理的种子，应近期内播种为好。当有贮藏和运输需要时，可重新干燥种子。风干时应把种子摊开保证能均匀地干燥。用恒温箱干燥时，温度不能超过 30℃。一般干燥到含水量为 10% ~14% 的种子可在 0℃或更低的温度下贮藏。重新干燥后种子内的药剂后效提高，很难用水洗除，可能会增加损伤的程度，如幼苗生长缓慢、存活率和突变率降低。

(4)注意事项

化学诱变剂多数为剧毒或易燃易爆物品，操作过程中必须十分注意安全防护，妥善处理残液，避免污染。

15.5　实验作业与思考题

①每两人一组，一人采用 2.0% 的甲基磺酸乙酯(EMS)溶液浸渍高羊茅或早熟禾或狗牙根等草坪草种子(事先用清水预浸 2 h 左右)；一人用清水浸渍高羊茅或早熟禾或狗牙根等草坪草种子(事先用清水预浸 2 h 左右)。然后清水漂洗 EMS 溶液浸渍草坪草种子材料后，取一部分 EMS 溶液与清水浸渍草坪草种子，按草坪草种子标准发芽试验程序进行两者发芽率、发芽势的比较试验。同时，取另一部分 EMS 溶液与清水浸渍草坪草种子，播种大田进行两者出苗率及田间农艺性状与坪用性状的比较试验。最后将试验结果总结上交。

②试论述草坪草物理诱变剂与化学诱变剂处理剂量或溶液浓度、处理时间与处理方法的影响因素。

③比较不同诱变剂、不同处理方法和不同诱变处理不同草坪草的诱变效果。

④在教师指导下，参观当地附近的物理诱变钴室与其他物理诱变仪器设备及设施，总结参观后的体会。

实验 16 草坪草多倍体的诱导与鉴定

一般认为草坪草的多培体物种比其二倍体物种具有更强的适应性。因此，草坪草多倍体的人工诱导与鉴定对草坪草物种进化研究及育种具有很大意义。通过本实验了解草坪草多倍体的一般形态特征及多倍体的细胞学特点；学习应用秋水仙碱溶液处理种子(或根尖)人工药物诱导草坪草多倍体的方法和技术，掌握草坪草多倍体的鉴定方法。

16.1 原理

草坪草多培体是指草坪草植物体细胞中含有 3 个或 3 个以上染色体组成的个体。草坪草多倍体可自然发生，也可人工诱导。人工诱导多倍体的方法很多，目前以化学诱变效果最好。应用于化学诱变的药品很多，如秋水仙碱、萘嵌戊烷、异生长素、富民农等，但以从百合科植物秋水仙(*colchicum autumale*)中提取的秋水仙碱应用最多，使用范围最广，处理方法简单，诱发效果最佳。秋水仙碱的分子式为 $C_{22}H_{25}NO_6$，常用的有效浓度为 0.01% ~0.4%，用它的水溶液浸渍、涂抹或点滴植物的分生组织，可以抑制细胞分裂时纺锤体的形成，使细胞分裂不能一分为二，但不影响染色体的复制，因而可使染色体得到加倍，而细胞没有分裂，以致细胞内染色体数目成倍地增加，形成为多倍体。由多倍体的组织分化产生的性母细胞，经过减数分裂所产生的雌雄配子也必然是多倍体，这样通过受精仍形成为多倍体植株。

采用秋水仙碱诱导草坪草多倍体是否成功的多倍体植株鉴定，则可采用形态学鉴定与细胞学染色体鉴定等方法进行有效鉴定。

16.2 材料、仪器设备与试剂

16.2.1 材料

黑麦草、早熟禾、白三叶、红三叶等草坪草种子或根尖。

16.2.2 仪器设备

显微镜、目镜测微尺、镜台测微尺、解剖针、解剖刀、剪刀、镊子、载玻片、盖玻片、目镜测微尺、镜台测微尺、吸水纸、恒温箱、冰箱、小吸管、火柴、酒精灯、小烧杯、培养皿、量筒、容量瓶(100 mL)、棕色瓶、温度计、纱布等。

16.2.3 试剂

①卡诺固定液：无水乙醇(或 95% 乙醇)3 份，冰醋酸 1 份混合而成。

②0.5% 苏术精：将苏木精溶解于纯酒精，配成 10% 母液长期保存。需用时再稀释到 0.5%，即用 5 mL 母液，加入 95 mL 蒸馏水即可。

③醋酸地衣红：将 45 mL 冰醋酸加入 55 mL 蒸馏水煮沸，移去火焰立刻加入地衣红 1g，再倒入烧瓶，接上回旋冷凝器，然后用酒精灯继续加热 2h 或更长时间，冷却过滤后倒入滴瓶

备用。

④45%醋酸、2%铁矾，苦味酸饱和水溶液、1%氨水、0.1%、0.05%和0.01%的秋水仙碱水溶液、各种浓度的乙醇、二甲苯、加拿大树胶等。

16.3　方法步骤

16.3.1　多倍体的诱导

(1)诱导方法一

①把待诱发草坪草种子置培养皿中加水，待种子吸胀并且多数根尖露出时，把萌发的种子移到盛有用0.01%～0.1%秋水仙碱溶液湿润了吸水纸的培养皿里、放在温箱(20～25℃)经过24～48 h处理后取出，用清水缓缓冲洗，然后取出一部分种苗移置在园地里；另一部分种苗作根尖压片检查染色体。同样，把未经秋水仙碱溶液处理的同一种草坪草种子也直播一部分作为对照；另一部分发芽根尖作为压片时的对照。

②在秋水仙碱溶液处理过的种子中，选择根尖表现膨大的材料，切下0.5 cm长的根尖置盐酸酒精中离析10～15 min，取出用水冲洗干净，然后移于载玻片，切卜根尖尖端1～2 mm，加1～2滴醋酸地衣红溶液，在酒精灯上来回微热以加深颜色，10 min后，待根尖染成深红色时，盖上盖玻片进行压片，使细胞和染色体散开，同样，也制做未用秋水仙碱溶液处理的根尖压片作为对照，将两种压片分别置于显微镜下观察，统计染色体的数目。

(2)诱导方法二

把待诱导草坪草种子消毒后，用水冲洗，整齐排放在培养皿(预先放置湿润滤纸)中，在温箱25℃黑暗条件下发芽。待种苗幼芽伸长约0.5 cm左右，用双面刀片从芽的顶部纵切到基部，在切口处夹放一张边长0.3～0.4 cm四方形的滤纸片。然后种植在花盆中，细土覆盖根部。用注射器把0.05%的秋水仙碱水溶液滴注在所夹的小滤纸片上，每片1～2滴。用玻璃小试管(长3.5 cm，内径1.5 cm)倒盖在幼芽上，防止药液蒸发。试管基部盖以细土，然后用细孔喷壶洒水，保持根部湿润。24～48 h后，去掉试管和纸片。处理后的种芽不久开始变得肥厚、生育延迟。待到生长势恢复，便可移植到坪田定植。

16.3.2　多倍体的鉴定

对种植在坪地里的草坪草幼苗，给以良好的养护条件，对比未处理和处理过的草坪草植株生长发育阶段的差别。一般情况下，经秋水仙碱溶液处理过的种子萌发后胚根膨大，幼苗生长缓慢，节间变短，叶片变厚。以后生长迅速，植株变大，花、果实和种子都变大，气孔和保卫细胞以及花粉粒也有明显增大，这些变异都可以作为初步判定是否多倍体的依据。但也有例外。最准确的鉴定还是从处理过的植株上收集种子将其发芽后进行根尖压片检查染色体数目或在植株开花前检查花粉母细胞的染色体数目。

(1)叶表皮整体制片，观察气孔和保卫细胞的大小

①从待鉴定草坪草植株叶片背面划一切口，用尖头镊子夹住切口部分，撕下一薄层叶片下表皮，放在载玻片上的水滴里，铺平后盖上盖玻片，制成表皮玻片。用同样方法制作未用秋水仙碱溶液处理过的对照植株的叶表皮玻片，置于两台同样倍数的显微镜下观察，比较气孔和保卫细胞的大小，注意两者所取的叶片应为同样发育时期、同样部位的叶片，否则会影响实验的准确性。

②为了精确测量，需要进行染色，操作过程如下：撕下表皮→70% 酒精中固定 15 min→50% 酒精浸渍 5 min→15% 酒精浸渍 5 min→蒸馏水冲洗几次→2% 铁矾染色 15 min→水洗 5 min 换水→0.5% 苏木精染色 15 ~ 30 min→水冲洗几次→饱和苦味酸中脱色 5 ~ 10 min→水洗 30 min 彻底洗净→1% 氨水分色 1 min→蒸馏水冲洗 5 min→各级浓度酒精中脱水（15%、35%、50%、83%、95%）各 2 min→100% 酒精浸渍 5 min→1/2 纯酒精、1/2 二甲苯混合液浸渍 5 min→二甲苯浸渍 5 min→树胶封藏。

③这样制成的永久制片，细胞壁染成兰色，细胞质淡兰色、保卫细胞中的叶绿体和核为蓝色，轮阔清晰，便于用测微尺测量实际大小，也可用于显微照相。

(2) 制作花粉粒涂片，比较花粉粒的大小

在用秋水仙碱溶液处理和未处理过的草坪草植株上，在开花期分别采集小花已开放或即将开放但尚未散粉的成熟花粉，浸在 45% 醋酸里，然后移到载玻片上加一滴 1% 碘—碘化钾溶液，稍停片刻，盖上盖玻片，花粉粒即被染成红棕色或深红色，分别置两架倍数相同的显微镜下进行观察，比较处理与未处理过的植株的花粉粒大小，并用测微尺进行测量。

(3) 根尖染色体检查

四倍体的根尖染色体比二倍体多一倍，这是在根尖染色体检查中可以看到的最直接的证据，也是最确切的鉴定方法。因此，该方法也是最常用的鉴定方法。

16.4 实验作业与思考题

①多倍体的诱导与鉴定在草坪草育种实践中有什么重要意义？其方法步骤与注意事项如何？

②比较秋水仙碱溶液处理和未处理过的草坪草植株或器官组织有哪些不同特征？

③将二倍体和多倍体同种草坪草的气孔保卫细胞性状和花粉粒大小的观察结果填入表 16-1，分别统计、比较，并做出解释说明。

④你观察到的被诱导草坪草的染色体数是多少？诱导后得到了哪些染色体数目变异类型？

表 16-1 草坪草二倍体和多倍体的气孔保卫细胞和花粉粒的鉴定

草坪草名称	倍数性	染色体数	叶片气孔保卫细胞			花粉粒直径(μm)
			长(μm)	宽(μm)	叶绿体数	

实验 17　草坪草单倍体的诱导与鉴定

草坪草单倍体育种及其单倍体的诱导与鉴定技术是草坪草新品种选育的重要育种方法，而且，草坪草单倍体育种的组织培育技术也是草坪草生物技术育种方法的基础技术。通过本实验学习，要求学习和掌握草坪草基本培养基的配制方法和草坪草花药接种培养技术及单倍体鉴定技术；掌握植物细胞全能性的基本原理；了解组织培养及花药培养技术在草坪草育种和草坪生产中的应用；熟练运用组织的基本技术。

17.1　原理

17.2　材料、仪器设备与试剂

17.2.1　材料

孕蕾(穗)期草坪草早熟禾、黑麦草等。

17.2.2　仪器设备

显微镜、分析天平、药物天平、电炉、高压蒸汽灭菌锅、超净工作台、酸度计、磁力搅拌器、电热培养箱或培养室、三角瓶、容量瓶、移液管、量筒、小烧杯、精密 pH 试纸、牛皮纸、线绳、棉花塞、纱布、载玻片、接种环、镊子、剪刀、酒精灯等。

17.2.3　试剂

①醋酸洋红溶液：其配制方法基本上与醋酸地衣红(参见实验 16)的相同，只是在冷却后要加 1 ~2 滴醋酸铁溶液，然后过滤分装。

②铁矾苏木精溶液(Heidenhain's 苏木精溶液)：将苏木精 0.5 g 先溶于 10 mL 的 95% 。

酒精中，然后慢慢倒入 90 mL 无菌重蒸馏水中，瓶口用纱布扎紧静置于有光处。约 1 个月后，苏木精被氧化，溶液变为深琥珀色，即可用。此时要将瓶塞塞好。此液可以放置很久，是较好的染核结构的染色剂。

③乙醇、升汞、漂白粉、无菌重蒸馏水等。

17.3　方法步骤

17.3.1　培养基配制

(1)培养基的选择

在草坪草组织培养中，如草坪草单倍体育种、组培苗繁殖、转基因育种、诱导花粉发育或单倍体植株等也和草坪草种子播种于土壤中的种子发育成幼苗一样需要养料。所不同的是后者的养料在发育初期是由种子内的胚乳或子叶供给，随后由土壤供给；而前者的养料则是由培养基提供的。培养基是供微生物、植物组织和动物组织生长和维持用的人工配制的养料。

不同草坪草不同外植体所需培养基的种类和成分亦不相同，因此，必须通过试验，根据不同培养材料选择适当的培养基。基本培养基的成分按其性质和含量可分成大量元素无机盐、微量元素无机盐、有机物（蔗糖与氨基酸等）与生长调节剂（植物激素类）物质，琼脂和蒸馏水等，并按试验材料种类在做试验时再加入某些附加成分。

(2)培养基的配制

①母液的配制：在配制培养基时，应根据所选用的培养基配方，先将各成分配成为培养基浓度20倍至200倍的母液，应用时再按比例吸取，这样比较方便。吸取量可以按下面公式计算：吸取量 = 母液体积 ×［需配培养基的体积（升）/称量扩大的倍数］。母液都需用无菌重蒸馏水（纯水）配制，用容量瓶定容。有些药品不易溶解于水，如配制激动素（KT）和6-苄基氨基嘌呤（6-BA）时，需先溶解于少量1N HCl中再加水定容；α-萘乙酸需溶于热水中；吲哚乙酸、2, 4-D、吲哚丁酸、赤霉素类应先溶于少量95%酒精中，再加水定容；叶酸先溶于少量稀氨水中，再加水定容。

②移液和定容：配制培养基时，将各药品的母液按所培养基配方中的顺序依次排好，然后移液。吸取母液在1 0 mL以下的用吸管，其他用量筒，依次量取所需体积，放入有刻度的大烧杯中，加入固体蔗糖，再加入煮溶的琼脂（为了使琼脂能易溶化，可先放入温水中浸泡一些时候，再加热煮沸很快溶化）和沸水定容至刻度。

③调整pH和分装：将煮好定容的培养基，用1N NaOH和1N HCl调整其pH值，可用精密pH试纸检查，然后趁热分装试管或培养皿或三角瓶。每试管的培养基分装数量可装10～15 mL，以约为试管的1/5～1/4为宜。塞上棉花塞，用牛皮纸和线绳包扎好瓶口，准备灭菌消毒。

④此外，MS等常用培养基液的配制也可直接从生化仪器试剂公司购买干粉式MS等培养基直接兑水溶解灭菌即可。

(3)灭菌消毒

草坪草组织培养一定要在无菌条件下进行，而且无菌技术的严格与否，常常是工作成败的因素之一。故须严格操作。

①培养基一般在高压灭菌锅中，压力1.0～1.1 kg/cm^2（120℃），灭菌20～30 min；接种用的玻璃器皿、器具、棉花塞、无菌水、纱布、接种纸等也可以随锅消毒灭菌。经高压灭菌后放到无菌室备用。

②接种用的接种环、镊子、小剪刀，可提前泡在70%的酒精中，用时在酒精灯上烧去酒精；也可用紫外灯照射30 min～1 h，进行灭菌消毒。接种人员的手要仔细洗净并用酒精穄洗消毒。

17.3.2 外殖体的选择

组织培养中用于培养的离体材料通常称为外植体。外殖体的基因型（草坪草的不同种及品种）、外殖体植株或器官组织的生理状态（如花粉的发育时期）等对组织培养及其诱导频率有很大的影响。因此，为了获得组织培养的高出愈率与成苗率，必须十分注意选择适宜的外殖体材料。如自大田取材或温室取材时应选取无病、无虫、生长健康的外植体。外殖体进行接种培养前还应进行外植体表面消毒。外植体表面消毒的一般程序为：外植体→自来水多次漂洗→消毒剂处理→无菌水反复冲洗→无菌滤纸吸干。

17.3.3　花药接种培养

①接种用具的准备：常用的接种用具有镊子、手术剪刀、接种环、接种纸、培养皿、小烧杯、纱布和酒精灯、培养基等，均须严格消毒灭菌后，置于接种室备用。

②选择花序：早熟禾、黑麦草等草坪草花粉最适宜进行花粉培养时期为单核中期。用45%醋酸洋红染色压片镜检以确定花粉发育时期，如时期合适，即选取外部形态，颜色与之相同的花蕾的花序，在 2 ~ 3℃下低温处理 24 ~ 30 h 可提高出愈率。

③花序的消毒：通过抽样镜检，将选好的花序用 70% 酒精浸泡 1 min，再用 0.1% 升汞溶液(或 10% 漂白粉溶液)浸泡 8 ~ 10 min，再用无菌重蒸馏水冲洗 3 次，将花序用消毒纱布包住备用。

④花药接种：将消毒好的花序放至超净工作台上接种，或将消毒纱布铺在无菌接种室接种操作台上，再把所有接种用的用具，培养基(诱导花粉愈伤组织的培养基可用 MS 基本培养基加 2,4-D 1 ~ 2 mg/L、KT 1mg/L 或其他基本培养基添加其他成分)和花序放在纱布上，以免污染。然后用镊子从花蕾中取出花药放在对折的接种纸上，到一定数量迅速倒入盛有培养基的试管内。一般每只试管接种 10 ~ 20 个花药，用接种环播种均匀，再包扎好管口，放在25℃、相对湿度 36% ~ 60% 的培养架上培养。光照时间大约每天 8 ~ 12 h，光强 540 ~ 2000 Lx，散射光亦可。

⑤花粉愈伤组织的诱导：早熟禾、黑麦草等草坪草花药接种后，其颜色逐渐由淡黄色变褐色至深褐色，大约 10 ~ 20 d 长出球状淡黄色愈伤组织，注意及时统计计算其愈伤组织诱导频率。愈伤组织诱导频率(%) = (愈伤组织块数/接种花药数) × 100。

⑥花粉愈伤组织分化成苗：早熟禾、黑麦草等草坪草花粉愈伤组织在其出现后的 10 ~ 20 d 转移到分化培养基(在 MS 基本培养基上加 0.2 ~ 0.5 mg/L 的 IAA 和 1 mg/L 的 KT 或其他培养基)上培养，每天光照 9 ~ 12 h，光强 2000 Lx 左右。一般生长快的 2 周左右就能分化出芽，然后分化根。注意及时统计计算其绿苗分化率。绿苗分化率(%) = (绿苗棵数/愈伤组织块数) × 100。

⑦壮苗：新分化成的幼苗，生长比较细弱，根系不太发达，待幼苗长到 2 ~ 3 cm 时，移到壮苗培养基(MS 基本培养基加 0.2 ~ 0.5 mg/L 的 IAA 或其他培养基)上培养，而后生根，茎叶逐渐健壮。

17.3.4　单倍体植株的鉴定

①形态鉴定：与正常的二倍体植株相比较，单倍体植株一般都比较弱小，且高度不育。因此，可从其生长势、植株和叶片大小、开花情况等与二倍体植株相区分。

②细胞学鉴定：一是可采用根尖细胞染色体数目的鉴定。即制备根尖细胞染色体标本(参见实验 16)，在显微镜下统计染色体的数目并与二倍体的植株细胞进行对比。二是进行减数分裂观察。即制备花粉母细胞的减数分裂标本(参见相关书本)，在显微镜下进行观察并照相记录结果。与正常二倍体细胞相比较，单倍体在减数分裂过程中可出现染色体不配对等现象，最终形成不育的配子。

17.3.5　单倍体加倍方法

为了通过草坪草单倍体诱导获得草坪草新品种，可将诱导成功的草坪草单倍体加倍成二倍体应用。早熟禾、黑麦草等草坪草等花药培养通常可以自然加倍恢复为 2 倍体；也可用

0.04% ~0.1% 的秋水仙碱溶液浸泡新生植株根基部(参见实验 16)，在 20 ~25℃下处理1 ~4 d，然后洗净药液移入土中，精心管理。从中选择诱导成功的 2 倍体植株。

17.4 实验作业与思考题

①每 4 人 1 组接种早熟禾、黑麦草等草坪草花药 4 个试管或培养皿或三角瓶，统计计算其出愈率与成苗率，并总结花药接种培养步骤及注意事项等，每人交实验报告 1 份。

②单倍体草坪草植株的形态及减数分裂有什么特点?

实验 18　草坪的播种法建坪

草坪建植简称建坪，是指用有性或无性的繁殖方法人工建立草坪过程的综合技术总称。草坪建植一般包括草坪草种选择、坪床准备、种植和新建草坪的养护管理等 4 个主要阶段。草坪建植的种植方法主要有种子繁殖和营养体(无性)繁殖两种。其中，种子繁殖种植法有播种法、喷播法、植生带法、植生袋法与移动式草坪法等种植方式。用草坪草种子繁殖的播种法建坪具有施工简单，成本低，便于机械化施工和建坪初期草坪很美观等优点，但具有成坪速度慢，成坪前幼坪不易养护管理，要求养管水平高等缺点。

草坪建植的播种法是将草坪草种子直播于坪床内产生草坪的种植方法，中国北方草坪建植大多采用此法。通过草坪的播种法实验，使参加实验学生学会播种法建植草坪的方法与技术，巩固草坪草种选择的一般原则和方法；掌握坪床准备的主要实践环节和技术措施；掌握草坪草播种的具体程序；了解和掌握草坪幼坪培育的方法及技术措施。

18.1　材料与仪器设备

18.1.1　材料

黑麦草、高羊茅、翦股颖、早熟禾等冷季草坪草种子与少数狗牙根、结缕草等暖季草坪草种子；无纺布、呋喃丹等除草剂、农家肥(有机肥料)、化肥、山砂、腐殖土、泥炭等。

18.1.2　仪器设备

锄头、钉耙、铁锨、手摇或手推式播种机、镇压器、电子秤、塑料桶、塑料盆、工程线、塑料袋等。

18.2　方法步骤

18.2.1　选种

高质量草坪草种子是保证播种法建坪成功的前提。草坪建植要求草坪草种子内在质量具有优良的品种特性和优良的种子特性。优良的草坪草品种特性要求按照草坪草种选择的一般原则，选用适宜草坪建植地的栽培生态环境条件的草坪草种及品种。而优良的草坪草种子特性常包括品种质量和播种质量两个方面的内容。品种质量是指与遗传特性有关的品质，包括品种的真实性(种子真实可靠的程度)和种子纯度(品种典型一致的程度)。播种品质又称种用质量，是指种子播种后与田间出苗有关的质量，包括种子净度、发芽率、水分、其他植物种子数目、活力、生活力、健康、重量等指标。为此，播种前应对所购草坪草种子标签标识种子质量进行鉴定确认，仔细阅读领会种子标签及说明书内容。

18.2.2　坪床准备

草坪坪床是草坪草生长的场地，场地基础的好坏对今后的草坪质量、功能和养护管理等均将带来深远的影响。建坪前，应对欲建立草坪的场地进行必要的调查和测量，制定实施方案，尽量避免和纠正诸如底土的处理，大型设备施工所引起土壤紧实等问题的发生。建坪前的坪床准备工作大体包括坪床的清理、场地造形与土壤翻耕、施基肥与土壤改良、整地、排灌系统的设置等。

18.2.3 种植

(1)播种时间

理论上讲，草坪草一年任何时候均可播种，但在不利于种子迅速发芽和幼苗旺盛生长的条件下播种往往容易导致播种失败。因此，必须选择合适的草坪草种子播种时间，有利种子萌发，提高成苗率，有利快速成坪，保证幼苗足够生育时间，保证草坪能正常渡夏越冬。因此，冷季型草坪草最适宜的播种时间为夏末；暖季型草坪草最适宜的播种时间则为春末和初夏。这是根据播种时的温度和播种后 1 ~ 2 个月可能出现的温度而确定。

(2)播种量

草坪草种子的播种量取决于种子质量、混播组合草坪草种组成、土壤状况及建坪工程要求等。种子质量好，播种量正常；反之，应加大播种量。混播组合中，较大粒草坪草种子的混播量可达 40 g/m^2，而土壤状况良好且种子质量高时，播种量 20 ~ 30 g/m^2适宜。同时，在特殊情况下，如加了加快成坪速度也可加大草坪草种子的播种量。

此外，影响播种量的其他因素还有草坪草幼苗的活力、所播草坪草种及品种的生长习性、种子价格、建坪草坪杂草竞争能力、潜在病害以及建坪后的栽培管理强度等。

(3)播种方法与播种程序

播种法建坪的播种方法有手工撒播和机械播种两种。其中，机械播种有手摇式播种机和手推式播种机或机动播种机等播种方式。手工撒播的播种速度最快；手推式播种机的播种速度最慢。但是，它们播种的均匀度却相反。

播种作业程序通常包括撒播、覆土和播种后处理等 3 个作业程序，其中，播种后处理应根据需要与否分别选用镇压、覆盖、浇水等作业，如果播种生态环境条件非常适宜，也可不进行播种后处理。播种的具体程序是：

①根据草坪建植场地的地形、面积大小，把场地分为若干小块，计算出每小块地的面积；

②根据播种法建坪面积，计算出每小块地的播种量；

③重复撒播，完成草坪草种子播种后覆盖腐殖质等泥土；

④适度镇压，加盖覆盖物，适度浇水。

(4)幼坪的养护管理

幼坪的养护管理包括灌溉、及时移去覆盖物、施肥、修剪、表施土壤、幼坪植物保护等草坪养护管理作业措施，可参照《草坪学》所介绍方法技术进行。

18.3 注意事项

(1)播种要均匀

播种前要先做一些准备工作。先将播种地分块区域化，然后按设计播种量按区域面积大小和数量将种子分成若干份，这样能保证播种均匀；播种一般应选没有风的时候进行，特别是手工撒播和手摇式播种机播种两种方法更应注意选择无风天气播种，其目的是避免种子被风吹散造成播种不均；播种量很少或种子很细小的时候，可将种子与干细土或沙子混匀后一同播种；为了尽可能地保证种子均匀分布，也可将要播种子按数量一分为二，一半采用横向播种，一半采用纵向播种，来回两次播种。

(2)覆土要浅薄

一般播种后应立即覆土，或者边播种边覆土，因大多数草坪草种子较小，顶土出苗能力弱，要求覆土厚度要浅而薄，以覆土 0.3 ~0.6 cm 为宜，不超过 1.0 cm。因覆土要求薄，有时不能全部覆盖所有播种的种子，只有不超过 10% 的种子暴露在土表，不会严重影响建坪出苗质量。

(3)镇压要适度

播种后有时需适度镇压。特别是我国北方沙质土壤或干旱地区则播种后必需进行镇压；而土表板结或紧实以及粘性土则不宜慎压。镇压的目的是使种子与土壤紧密结合，以控制土表水分蒸发而使种子吸水萌发。注意镇压器不要过重，应用轻型镇压器进行镇压；因在湿土上镇压易致使土壤板结，镇压应在土壤干燥时进行。

(4)适时覆盖和浇水

有时建坪播种后应进行覆盖。特别在我国北方干旱或半干旱地区或低温少雨或多雨季节建坪，播种镇压后应采用无纺布、塑料薄膜、秸秆等材料覆盖。其目的一是保湿和保温，避免种子因失水干枯死亡或低温影响种子萌发；二是防止浇水或下雨时把种子冲刷。待幼苗出土后应及时移走覆盖物，以防止影响成坪质量。播种盖土后适时适度浇水则可保证草坪草种子及时萌发成苗和全苗成坪。

18.4　实验作业与思考题

①每 2 人一组分组实施，人人动手，每人播种建植一块 2 m×2 m 草坪。每位同学写一份实验实习总结。

②试论述播种法建植草坪方法与技术的要点、优点与不足及注意事项？

实验19　草坪的营养体繁殖方法建坪

营养体繁殖种植法有草皮块铺植法、草茎播植法、喷播法、植生带法与移动式草坪法等种植方式。采用营养体繁殖的建坪具有建坪与成坪速度快，养护管理强度小，需水量小，与杂草竞争力强等优点，但也存在建坪费用高，有潜在杂草和土传病虫危害，坪床土壤存在表土与底土差别，草坪草种可选余地小等不足。但因营养体繁殖建坪方法在一年四季均可建成"瞬时草坪"，因此常用此法建植应急草坪和进行退化草坪补植及局部草坪修整。

通过草坪的营养体繁殖方法实验，使参加实验学生学会草坪草营养体繁殖的建植草坪方法与技术，掌握草坪草营养体繁殖的建植草坪的原理及注意事项，为今后的专业工作奠定基础。

19.1　材料与仪器设备

19.1.1　材料

采用营养体繁殖方法建植草坪的种植材料有草皮、草坪草根茎幼枝和匍匐茎等。

(1)草皮

机械化铺植草皮施工可采用大块的草皮卷；人工铺植草皮卷大小以长 50 ~ 150 cm，宽 30 ~ 150 cm 为宜；人工塞植法(点铺法)铺植草皮时，则可从草皮卷中抽取条形(6 ~ 12 cm 宽的长条草皮)或方形(长、宽、高各为 5 cm 的方块塞)或园形(直径 5 cm 左右的柱状草皮柱)的草皮块，以适宜的间隙塞植入原有的草坪坪床。

(2)根茎幼枝和匍匐茎

草坪草根茎幼枝和匍匐茎为单个草坪草植株，或为包括有几个节的草坪草植株部分。草坪草根茎幼枝和匍匐茎可用于草茎播植法建植草坪。

19.1.2　仪器设备

锄头、钉耙、平板草铲或起草皮机、环刀或草坪塞植机、剪刀、草坪碾压器、方形或长方形木板、无纺布或遮阳网等。

19.2　方法步骤

19.2.1　草皮块铺植法

草皮块铺植法是指将草皮生产地生长的优良草坪，用机具按照一定的规格大小把它铲下来，搬运到建坪场地，重新铺植成草坪的建坪种植方法。我国南方的暖季型草坪绝大多采用草皮块铺植法。草皮块铺植法建坪，基本不受季节限制，铺植后 1 ~ 2 周内草坪草可扎根成坪，形成"瞬时草坪"，同时，还可消除铺植地上杂草竞争，能解决陡坡地因土壤侵蚀很难播种建坪的难点，建坪初期的养管也粗放，不需过高的养管水平。缺点是该法是建坪成本最高的建坪方法。

(1)草皮的选择

冷季型草坪草适宜的铺植草皮块时间是夏末初秋和初春；暖季型草坪草适宜的铺植草皮块时间是春末和夏初。铺植草皮忌在干热、严寒季节进行。在选择适宜草坪草种(品种或组合)与铺植时间的基础上，要选择高质量的草皮。

质量良好的草皮应质地均匀一致，厚2~3 cm，带土0.5~1 cm根，以利成活，无病虫、杂草，根系发达。

(2)草皮铲运

人工草皮铲取方法是先将一定宽度木板放在草皮上，沿木板边沿人工用平板草铲切取，切完后，再自草皮下面铲起。最好两人一组，一人沿木板边沿用草铲切取，切完后，将草皮自下面铲起，另一人草皮卷起，可把草皮切成30 cm×30 cm的方形，或30 cm×200 cm的长条形，草皮块厚度为2~3 cm。有条件的地方可采用草皮机起草皮，按草皮机使用说明进行操作。

通常铲好草皮后即装车运输，最好随铲随运随铺植，避免草皮块降低或丧失活力。草皮块装车要求捆扎，整齐码放，以避免草皮在运输和铺植操作过程中散落。可把草皮块多块叠在一起捆扎好装车；长条状的草皮则卷起绑扎好装车。高温季节长途运输草皮块首先要十分注意避免草坪发热“烧死”；其次要避免脱水干枯死亡。一般草皮块长途运输时间不宜超过24 h，并采用开放式车厢，以利通风。

(3)草皮铺植

①准备草皮：草皮块运输到建坪场地后应分散堆放，高温季节应浇水并采用遮阳网覆盖。如高温季节草皮块堆积在一起，由于草坪草呼吸产生的热量不能排出，使温度升高，轻则草皮发黄，重则导致草皮发热死亡。草皮块最好当天送到当天铺植好，高温季节两者相隔不宜超过48 h。

②铺植草皮：坪床与草皮块准备好后，即可进行草坪块铺植作业。草皮块可以用人工或用机器水平自动铺植。草块从笔直的边缘如路缘处开始铺设第一排草皮，保持草块之间结合紧密平齐。一般草皮块之间保留1~2 cm的间隙，防止镇压后草坪块出现重叠，以利于平整。相邻草皮块之间的缝隙应尽量错开。草皮边铺植边浇水，而且要浇透。稍干后立即用耙子背面或轻型碾压器将草皮将每块草皮压实，消除气洞，确保草皮根部与土壤均匀完全接触。当在坡地铺植时，每块草皮应该用桩、钉加以固定。草皮块铺植方法依据铺放草皮块位置和密度的不同可分为密铺法、间铺法和条铺法3种。

A. 密铺法：密铺法也称满铺法，指用草皮块将地面全部覆盖，相邻草皮块的间距为1~2 cm。该法可短期内形成草坪。

B. 间铺法：间铺法是指把草皮块交错相间呈“品字形”或草皮块间按3~6 cm间距排列，其草皮铺设面积仅占坪床总面积的1/2或1/3。该法可少铺植草皮节省费用，但将延长建坪成坪时间。

C. 点铺法：点铺法又叫塞植法，是指把草坪养护打孔作业时取出的小柱状草皮塞或利用环刀与塞植机等机具取出的大柱状草皮塞或切成的宽6~12 cm的草皮块长条或长、宽、高各为5 cm的草皮方块，按适宜的间隙或按20~40 cm的间距平行铺植于坪床。该法适于结缕草、狗牙根、匍匐翦股颖等具匍匐茎的草坪草新品种的大量繁殖和补植小块受损草坪采用；也可用于建植新草坪，可较节省草皮，草坪分布也较均匀，但全部覆盖坪床的成坪时间较长。

③填土滚压和浇水：草皮块铺植完毕，相邻草皮块中间会留有空隙，可在这些空隙中填撒沙土，最好是70%的粗沙或用铺植区表层土与沙混合，覆沙后用拖网拖平，使沙土进入到草皮块接缝。覆沙后应采用轻型设备再次压实，并保持给新植草坪浇透水，在干燥天气中保持湿润。适宜季节草皮块铺植后一般15～20 d成活发根。

19.2.2 草茎播植法

草茎播植法是利用草坪草匍匐茎和根茎移植的营养体繁殖法建坪的种植方法。草茎播植法包括草茎撒播法与草茎栽植法两种方法。

由于草皮块铺植法的草皮块带土厚薄不一致，草坪平整度较差，主要用于平整度要求较低的绿化草坪。而运动场草坪平整要求高，并且象高尔夫球场草坪为全沙草坪还不能带土，草皮块铺植法不能满足其平整度需要，因此大多采用播种法或草茎播植法建植草坪。

草茎播植法仅适用于具有匍匐茎的草坪草种，如狗牙根、海滨雀稗、结缕草及匍茎翦股颖等；该法用草皮块量少，能使1 m^2的草坪面积扩大到10～20倍，成坪速度快，新建草坪平整度高，建坪成本低于草皮块铺植法。

(1)草茎栽植法

草茎栽植法是指将不带根土的草坪草单株或株丛像插秧一样插入坪床土壤中，经覆平保湿生根发芽成坪的建坪种植方法。

(2)草茎撒播法

草茎撒播法是指将人工与机械收集的草坪草根茎或成片铲起的草坪块，洗去根部泥土，将匍匐茎撕开或切成3～5 cm长的小段均匀撒播于已平整好的坪床上，经覆盖保湿生根发芽成坪的建坪种植方法。建坪步骤

草茎撒播法草茎要求100%均匀撒在坪床表面，草茎不能成团，草茎播量一般为1m^2草皮的草茎撒播10～15 m^2的新建草坪为宜。草茎撒播后覆盖一层0.5～1.0 cm细沙，要求覆盖后露出部分草茎，否则覆沙过厚会造成草茎死亡。然后，再用镇压器压实，不让草茎翘出土外；覆盖一层无纺布，如果是夏季高温季节还需覆盖一层遮阳网遮荫，浇水保持地面湿润。

草茎撒播法以春末夏初效果最好。一般情况下，草茎撒播后养护15 d左右，坪床土中小草茎即会生根发芽，1.5～3个月即可成坪。而生长较快的狗牙根草茎一般3～5 d发芽，1.5～2个月成坪。

19.3 实验作业与思考题

①按5人左右一组进行分组在选定的草坪区内进行草皮铲运与草坪的营养体繁殖方法建坪各种方法的比较实验，分别采作草皮块铺植法的密铺法、间铺法和条铺法与草茎播植法的草茎撒播法与草茎栽植法建植不同的草坪小区，进一步观察不同草坪营养繁殖种植方法建坪的草坪草返青恢复生长状况和成活率，撰写实验报告。

②总结不同草坪营养繁殖种植方法建坪的优缺点。

第 3 篇

草坪养护管理与草皮生产及专用草坪实验

实验 20　草坪修剪试验

草坪修剪有利保持草坪平整美观的坪面；促进草坪草分蘖(分枝)，增加草坪密度；控制草坪杂草，减少病虫害；延缓草坪退化，延长草坪绿期。本实验目的在于使学生通过草坪修剪试验，了解草坪修剪高度和修剪频率对草坪草生长发育的影响，使学生掌握草坪修剪技术及制定某种草坪修剪方案的方法。

20.1　材料与仪器设备

20.1.1　材料

本实验材料为待修剪草坪。

20.1.2　仪器设备

剪草机与剪草机工具包及活动扳手、钳子、螺丝刀等工具或剪草剪刀、钢卷尺、记录本等。

20.2　方法步骤

草坪修剪方案主要包括修剪方式、修剪时间、修剪频率及修剪高度的确定。

20.2.1　掌握剪草机的安全操作技术及其注意事项

草坪修剪方式有机械修剪、化学修剪和生物修剪等。其中，机械修剪是利用剪草机具完成草坪修剪的作业方式，是目前草坪修剪的主要方法。草坪剪草机的选择、修剪方式和修剪物的处理方法等均可影响草坪修剪的质量。

(1)剪草机的选择

剪草机的选择应该以能快速、舒适、最大量地完成草坪修剪作业，并以费用最低为基本原则。根据草坪作业需要进行剪草机选择应考虑如下因素：草坪的面积大小、形状和坡度；草坪修剪质量要求；草坪的平整度及粗糙度；草坪草种及其品种；草屑的处理方式；完成草坪修剪作业的计划时间；剪草机剪割幅宽等。如小面积草坪可选用幅宽 46～53 cm 的剪草机；大型运动场草坪等可选用旋刀式或滚刀式剪草机，9 筒的滚刀式剪草机组幅宽可达 6 m 以上。

剪草机购置及应用能力指剪草机购置经费与保养技术水平，它们往往成为剪草机选择的主要决定因素。如滚刀式剪草机虽然能够将草坪修剪得十分整洁，但机器购置价格较高，而且需要严格的保养。所以，当剪草机购置经费不多，保养技术力量不足或缺乏时，一般采用旋刀式剪草机修剪草坪。同时，根据草坪修剪作业需要应尽可能购买幅宽能满足需要的剪草机，购买小幅宽的剪草机最初可节省经费，但与购买幅宽较大的剪草机所节省的时间和劳力相比较，则是微不足道的。

(2)认真做好剪草机修剪前的准备工作

每次剪草机修剪作业前应该事先做好一系列准备工作：除根据不同的管理水平和要求选

择不同类型的剪草机外，还应认真学习和掌握剪草机的性能及使用方法；安装好剪草机刀片和上好润滑油，剪草机刀刃应锋利；清理草坪平面，应将草坪中的石块、铁丝、塑料等杂物清理干净，梳理草坪。

(3)正确使用剪草机作业

每次使用草坪剪草机进行修剪作业必须规范安全操作，防止意外事故发生。应掌握适宜的修剪高度，切实坚持草坪修剪高度 1/3 原则；一次修剪量不可过重，如果草坪过高，可采用少量多次修剪逐渐达到所需修剪高度；在发生病害的草坪上修剪后，移入另一块草坪上修剪时，要对刀片进行消毒处理，防止病菌传播；修剪草坪叶片切口要整齐，修剪后不能立即喷施农药或施用化肥，草坪修剪完成后 1h 内不应立即浇水或运动利用；剪后 1 ~ 2h 及时浇水，无供水条件而气候干热时不能修剪；同一草坪避免同一时期、同一点、同一方向多次重复剪割，修剪时要有稍许重叠，避免漏剪；及时清理草屑；切边时注意切边机的刀片不能与硬物相碰，以免机器突然跳起发生意外事故或损伤刀片；防止无关人员使用剪草机具，剪草机启动后，不要让非操作人员，尤其是儿童靠近剪草机，以免发生意外；剪草机发动机发热时，禁止向油箱加油，如需加油，还要将剪草机移出草坪外加油，以免燃油溢出伤害草坪。

(4)注意草坪修剪作业后续工作

每次作用剪草机进行草坪修剪后，注意清洗机械，既防止机械生锈又防病虫害；剪草机刀片要经常打磨和保养，剪草机每次使用前后均要保养；长期放置的剪草机更应注意及时保养与检查维修，从而使剪草机经常保持最佳状态。

20.2.2 草坪适宜修剪时间与修剪频率的确定

(1)确定草坪适宜的修剪时间

草坪适宜修剪时间的确定应注意如下事项：

①草坪初春返青期、盛夏休眠期、深秋枯黄前一个月，严禁过度剪割，一般不修剪；草坪出现传染病害后，一般不能修剪。

②秋季和冬季有大风时切勿剪草，草坪潮湿时，尽可能不修剪，避免操作者容易滑倒和防止剪下的草叶粘在一起，阻塞剪草机，造成收草困难。

③应避免在雨后进行修剪，在草坪较干旱时修剪，避免在正午炎热时修剪。

(2)确定草坪适宜的修剪频率

草坪修剪频率是指一定时间内草坪修剪的次数。草坪修剪周期则指连续两次修剪之间的间隔时间。草坪的修剪频率主要取决于草坪草的生长速度，其次决定于草坪的用途。而草坪的生长速度又与草坪生育环境条件、草坪草种与品种类别及草坪的养护管理水平等因素有关。草坪修剪频率的确定应根据如下因素确定。

①草坪修剪高度 1/3 原则：草坪修剪频率的确定主要根据草坪修剪高度 1/3 原则确定。草坪修剪次数不应由时间是否最方便或按固定日期来决定，应决定于草坪草的生长速度，尽可能地按照草坪修剪高度 1/3 修剪原则来确定。草坪修剪高度 1/3 原则也是确定草坪修剪时间和频率的唯一原则。

②修剪高度：草坪修剪频率也受修剪高度的影响，修剪高度越低，修剪频率越高，修剪次数越多；相反，修剪高度越高，修剪频率越低，修剪次数越少。只有这样，才能符合草坪修剪高度 1/3 原则的要求。如修剪高度为 5.1 cm 的草坪每周修剪一次可能就能满足需要，而修剪高度为 0.32 cm 的高尔夫球场果领则需要每天修剪；对同一块草坪，为遵守 1/3 原则，

当草坪高度高于修剪高度的50%时，才能剪草。如修剪高度是2.5 cm，应在草长到3.8 cm时开始修剪，剪去的1.3 cm相当总草高度的1/3；而修剪高度是7.6 cm时，就应在草高11.4 cm时修剪，草坪草在两次修剪间生长了3.8 cm，显然植株垂直生长1.3 cm比3.8 cm更快，修剪的次数相应也就多得多了。

③草坪生育状况与质量要求：对生长过高的草坪，应多次按照1/3原则进行修剪，逐渐降低修剪高度，直到达到要求的修剪高度，而不应该一次大量修剪到要求高度，这样需要更多的时间和劳力，但可获得良好的草坪质量。

由于违背1/3原则而使草坪变弱的严重程度，取决于草坪草的强壮程度、齐根剪的强度和次数，如草坪草强壮且非100%高于应剪高度，影响可能不大，多次违反1/3原则，草坪会变得稀疏，质量显著降低。

对质量要求不高的粗放管理草坪，可不依照1/3原则，仅在整个生长季修剪几次或根本不修剪，但必须是耐粗放管理的一些草坪草种。

20.2.3 确定草坪适宜修剪时间与修剪频率的试验

①选择某一生长良好的待修剪草坪，确定样地与试验小区。

②样地试验小区面积为1m×1 m，随机区组排列，3次重复。

③按表20-1设计的草坪修剪时间与修剪频率的不同剪草处理进行草坪修剪试验，各草坪修剪处理的剪草高度均定为5 cm。学生也可根据供试草坪类型自行设计草坪修剪时间与修剪频率的不同剪草处理的草坪修剪试验。

④按草坪修剪试验设计修剪草坪，每次修剪前与修剪后定期观测每个样方试验小区草坪的生长状况：如草坪高度、根量、根长、病害发生情况等(表20-2)。并根据NTEP 9分制评分标准评估草坪的外观质量(表20-3)。

⑤分析草坪修剪试验各观测数据资料，综合评定得出最佳修剪时间与修剪频率的剪草处理。

表20-1 草坪修剪时间与修剪频率试验设计

修剪时间			修剪频率(次/a)
3～5月(次)	6～9月(次)	10～12月(次)	
1	3	2	6
2	6	4	12
3	9	6	18
4	12	9	24

表20-2 不同修剪频率草坪草生长状况

修剪日期(年—月—日)	修剪频率(次)	草坪高度(cm)	根系深度(cm)	根系生长量(g/m^2)	其他

表 20-3　不同修剪频率草坪外观质量评估

修剪日期（年—月—日）	修剪频率(次)	色泽	密度（株/m^2）	质地	均一性

20.2.4　确定草坪适宜修剪高度的试验

在待试草坪养护管理水平一致的前提下，将其修剪高度分为 1 cm、3 cm、5 cm、7 cm、9 cm 等 5 个不同剪草高度的修剪试验处理，分析不同修剪高度处理对草坪草的再生能力、盖度、密度等因素的影响(表 20-4)，并根据 NTEP 9 分制评分标准评估不同处理的草坪的外观质量(表 20-5)。评定出最佳修剪高度的处理。

表 20-4　不同修剪高度草坪草生长状况

修剪日期（年—月—日）	修剪高度（cm）	再生能力		盖度（%）	密度（株/m^2）	根系生长情况	
		再生高度（cm）	再生量（g/m^2）			根系深度（cm）	根系生长量（g/m^2）

表 20-5　不同修剪高度草坪外观质量评估

修剪日期（年—月—日）	修剪高度(cm)	色泽	密度（株/m^2）	质地	均一性

20.3　实验作业与思考题

①通过试验完成不同修剪时间与修剪频率的草坪修剪的草坪草生长状况表(表 20-2)及草坪外观质量表(表 20-3)。

②通过试验完成不同修剪高度的草坪修剪的草坪草生长状况表(表 20-4)及草坪外观质量表(表 20-5)。

③根据试验结果分析确定供试草坪适宜的修剪方案。

④选取校园内的两种不同的草坪，分别设计修剪试验，并说明设计的原因。

实验 21　草坪施肥试验

施肥是草坪养护管理的一项重要措施，草坪施肥可增加土壤肥沃性，为草坪草的生长发育提供所需的营养物质，维持草坪的景观、休闲运动和生态等坪用功能；可改善草坪土壤理化性质，促进土壤团粒结构的形成，为草坪草生长提供良好的生长基质环境；可调节草坪土壤酸碱性，为草坪草与土壤有益微生物的旺盛活动创造有益条件；可增加草坪密度、绿度和活力，延长草坪绿期，增强园林绿化效果；还可提高草坪草的抗逆性，维持草坪的功效。通过参加本实验，可使学生了解施肥种类和施肥次数对草坪草生长发育的影响，了解草坪营养特点，掌握草坪施肥量的计算方法与施肥方法及施肥时间，使学生掌握确定草坪施肥方案的方法。

21.1　材料与仪器设备

21.1.1　材料

待施肥试验草坪、多种草坪用肥料。

21.1.2　仪器设备

台称与天平、肥料撒播机、塑料桶与塑料盆、钢卷尺与计算器、塑料袋等。

21.2　方法步骤

草坪施肥方案主要包括施肥时间、施肥种类及施肥量、施肥方式等内容的确定。

21.2.1　草坪施肥时间的确定

同一块草坪采用相同的施肥量，但是采用不同的施肥时间，均可产生不同的草坪施肥功效。草坪的施肥时间受草坪床土类型、草坪利用目的、季节变化、大气和土壤的水分状况、草坪修剪后的草屑数量等因素影响。

(1) 冷季型与暖季型草坪的施肥时间

从理论上讲，草坪施肥时间在一年中有春季、夏季和秋季三个施肥期。但是通常冷季型草坪与暖季型草坪的施肥时间具有不同的特点。

①冷季型草坪的施肥时间：冷季型草坪施肥应在两次生长高峰前的晚秋与晚夏进行。这是因冷季型草坪草一年有春季快速生长期和秋季重新开始快速生长期两次生长高峰，其施肥在该两次生长高峰前进行，才可能获得最佳的施肥效果。冷季型草坪草最重要的施肥时间是晚夏，它能促进草坪草在秋季的良好生长。而晚秋施肥则可促进草坪草根系的生长和春季的早期返青，如有必要，也可在春季再施肥。而冷季型草坪草在炎热的夏季生长开始变慢，此时施肥效果不佳；冬季由于气温低，冷季草坪草生长也缓慢，此时施肥效果也不可立秆见影。

冷季型草坪春季轻施氮肥，秋季重施氮肥，而夏季只在草坪出现缺绿症时才施用少量氮肥。春季轻施氮肥是为了避免徒长，越夏更安全，同时可减少草坪病害。秋季重施氮肥是因为冷季型草坪草根系的最适生长温度低于地上部分，秋季气温的下降使草坪地上部分生长变慢，深秋时地上部分停止生长，由于土壤温度还适于根系生长，并且土温降低速度慢于气温，所以根系仍可正常生长一段时间，此时地上部分光合作用仍在进行，可满足根系吸收营养和生长的需要，此时施用的肥料可促进根系生长，并可为第二年储备营养物质，所以秋季重施氮肥现已被许多草坪施肥计划广泛采用。

冷季型草坪的具体施肥时间：冷季型草坪每一次施肥的具体开始时间要依据当地的气候条件而确定，其中春季两次施肥和 8 月 ~9 月两次施肥的间隔时间都应是 30 ~40 天，而深秋施肥的时间决定于当地的气温和土温变化，一般开始于日均温 10 ~15℃时，如北京市一般年份是 10 月下旬至 11 月初。

②暖季型草坪的施肥时间：暖季型草坪草的施肥时间应在暖季草坪草生长高峰前进行。暖季型草坪草冬季处于停止生长状态，光合作用停止，不能合成碳水化合物，变成枯黄色，伴随春季气温升高，暖季型草坪草从休眠中缓慢恢复，盛夏生长速度达到最高，秋季气温下降后，暖季型草坪草又转入休眠。暖季型草坪草夏季需肥量较高，最重要的施肥时间是春末；第二次施肥安排在夏天；初春和晚夏也有必要进行施肥。

(2)草坪施肥时间的确定

①可根据草坪施肥时间试验确定合适的草坪施肥时间。

②可根据草坪的外观特征如叶色和生长速度等确定草坪的施肥时间。当草坪颜色明显退绿和枝条变得稀疏时就应进行施肥；当草坪草生长季颜色暗淡、发黄，老叶枯死则需补氮肥；叶片发红或暗绿色则应补磷肥；植株体节部缩短，叶脉发黄，老叶枯死则应补钾肥。

21.2.2　草坪施肥种类及施肥量的的确定

(1)草坪施肥种类的确定

①草坪肥料种类：草坪肥料按肥料性质可分为有机肥料、无机肥料和生物肥料(菌肥)。按所含营养元素成分可分为氮肥、磷肥、钾肥、镁肥、硼肥、锌肥、钼肥等。按营养成分种类多少可分为单质肥料、复合肥料或复(混)合肥料。按肥料的状态可分为固体肥料(包括粒状和粉状肥料)、液体肥料等。按肥料中养分的有效性可分为速效肥料、缓效肥料、长效肥料等。

②确定草坪施肥种类的方法：一是依据草坪生长状况确定施肥种类。首先，应根据植物营养诊断法与草坪草缺素症状、土壤测定法和田间试验法选用合适的草坪肥料，按缺什么补什么原则选用不同肥料种类。其次，依据草坪草需肥程度选用速效化肥、缓效有机肥或缓释化肥或长效肥料。二是依据草坪土壤类型确定施肥种类。砂性土壤可施用缓效有机肥或缓释化肥或长效肥料；粘性土壤则可施用速效化肥。三是依据草坪肥料特性选用施肥种类。速效化肥大多用作草坪追肥；缓效有机肥或缓释化肥或长效肥料大多用作草坪基肥；微(量元素)肥料大多用作叶面追肥。

(2)草坪施肥量的确定

确定草坪施肥量的具体方法一般有 3 种，即植物营养诊断法、土壤测定法和田间试验法。其中前 2 种方法常用，田间试验法费时间和物力及人力，除非特别需要，通常不采用。

①植物营养诊断法：植物营养诊断法可用外观诊断法，即当植物不能从土壤中得到足够

营养元素时，它们的外表和生长状况会发生变化，依据其特定的缺素症即可判断出可能缺乏的营养元素。但植物营养诊断法更确切的方法是依据植物组织分析的方法进行诊断，但目前还缺乏一套准确适用的草坪草营养诊断所必需的数量化的诊断标准，一般依据实践经验来进行大致的判断，这就需要诊断者的经验特别丰富，否则对各种营养元素缺素症与因气候、土壤、病虫害等引起的症状不易加以区分，如低温可引起草叶呈紫红色，类似缺磷或缺氮；干旱可引起生长受抑，并叶缘内卷，类似缺钾；风害也会使草坪叶缘内卷，类似缺钾；排水不良可引起叶片变黄，呈红紫色，也类似缺氮磷或铁锰等。

②土壤测定法：根据草坪土壤营养元素含量的分析结果与草坪养护目标要求所需营养元素含量的差值，可确定为土壤营养元素肥料的施用量。然后根据草坪准备施用的肥料数量及氮磷钾的比例，进一步确定草坪施肥的肥料种类、施肥频率(次数)与每次施肥的时间及每次施肥的种类和数量，从而就完成了整个草坪施肥计划的制定工作，在以后草坪养护管理工作中，则可根据草坪施肥计划安排肥料采购、储运和施用工作，并且，应及进根据实际情况变化作出草坪施肥计划的调整与实施。

21.2.3 草坪的施肥种类与施肥量试验

①根据草坪土壤养分成分分析结果、草坪草种需肥特性、草坪用途、草坪养护管理水平、拟用肥料种类(表21-1)、施肥经验等确定供试草坪的施肥种类与施肥量试验的各种肥料种类与施肥量处理的计划范围。

②根据草坪的施肥种类与施肥量试验的施肥种类及计划施肥量范围设计施肥种类与施肥量的不同处理，各施肥量处理间隔一般按等差数列或等比数列设置，每个处理设置3次重复，对照为不施肥处理。

③草坪施肥种类与施肥量的试验小区面积至少为2 m×2 m，随机排列。为防止不同小区的肥料相互渗漏干扰试验结果，可将各相邻小区间隔2～4 m或用塑料薄膜将小区四周土壤隔离。

④施肥后定时观察各小区草坪的生长状况(表21-2)，并根据NTEP9分制评分标准评估各小区草坪的外观质量(表21-3)。

⑤根据草坪施肥种类与施肥量试验结果进行统计分析，确定符合草坪养护管理要求的的施肥种类及施肥量。

表21-1 草坪常用肥料特性

肥料名称	养分含量(%)		
	N	P_2O	K_2O
尿素	45	0	0
硝酸铵	33	0	0
硫酸铵	21	0	0
过磷酸钙	0	20	0
磷酸二铵	20	50	0
氯化钾	0	0	60
鸡粪	1.35～1.65	1.20～1.55	0.75～0.90
牛粪	0.35～0.45	0.15～0.25	0.35～0.40

表 21-2　不同肥料种类与施肥量处理的草坪草生长状况

施肥种类与施肥量处理	施肥日期（年—月—日）	修剪频率（次）	草坪高度（cm）	根系深度（cm）	根系生长量（g/m^2）	其他

表 21-3　不同肥料种类与施肥量处理的草坪外观质量评价

施肥种类与施肥量处理	施肥日期（年—月—日）	修剪频率（次）	色泽	密度（株/m^2）	质地	均一性

21.2.4　草坪施肥方式的确定

草坪施肥方法不正确，可造成施肥不均匀，不仅可引起草坪色泽不均匀，影响草坪美观，甚至还可造成草坪局部灼烧，引起严重后果。因此，草坪施肥切忌施肥不匀。要做到草坪均匀施肥需要合适的机具和较高的施肥技术水平。草坪常用的施肥方式有人工撒施、叶面喷施、机械撒施、灌溉施肥等 4 种，可根据具体草坪养护管理条件和不同草坪施肥方式的草坪质量评价效果确定适宜的草坪施肥方式。

（1）人工撒施

草坪施肥小面积情况下可以用人工撒施方法。但要求施肥人员特别有经验，能够掌握好手的摆动和行走速度才能做到施肥均匀一致。

（2）叶面喷施

液体肥料和可溶性肥料均可采用叶面喷施方法，而溶解性差的肥料或缓释肥料不宜采用叶面喷施方法。草坪施肥低施肥量（<225 L/ hm^2）的情况下，可采用叶面喷施方法，一般不会造成草坪叶片烧伤。草坪大面积施肥也可采用叶面喷施方法，同时可与农药混合一起施用。

应用叶面喷施，大量的养分可以直接被草坪叶面吸收。并且，多数化肥可从草坪草叶面流至根系，增加根系吸收肥量。

（3）机械撒施

施肥机械大多标有施肥量挡位，主要有两种类型：一是用于施用液体化肥的施肥机；另一种是颗粒状化肥施肥机。

颗粒状肥料可用下落式或旋转式施肥机具。用下落式施肥机，化肥颗粒可通过基部一列小孔下落到草坪，小孔的大小可以根据施用量的要求调整。在无风时，施肥可呈行条带，不均匀。有的机器为防止这一问题用小板拦截，分散下落肥料。漏施或重施是本类机具所共同存在的问题。又由于施肥宽度受限，因而效率低，但若操作适当，下落式施肥机施粒状肥料也可达到比较均匀的效果。

旋转式施肥机对大面积草坪施肥效率很高。化肥通过一个或多个可调节施用量的孔下落到旋转的小盘上，通过离心力把化肥施到半圆范围内。在控制好重复范围时，此法可得到令人满意的均匀度。问题在于用该类施肥机施肥，颗粒大小不同的化肥混施时，分布是不均匀的，较轻的颗粒散的远；较重的颗粒则散的近。因此，颗粒相差较大的肥料不应混合施用，以单独施用为优，或用下落式施肥机来施肥。

(4)灌溉施肥

灌溉施肥是通过灌溉伴随施肥的一种方法。此方法看起来似乎是一种综合省时省力的施肥方法，但多数情况下不适宜采用，主要是因为灌溉系统覆盖不均一。如在浇水时，同一块地的一个地点浇的水可能是另一个地点的2~5倍，同样灌溉施肥的化肥分布也是如此。但该施肥方法，在灌水频繁地区或肥料养分容易淋失需要频繁施用化肥的地方，非常受欢迎。如果采用灌溉施肥，灌溉后应立即用少量的清水洗净草坪叶片上的化肥，以防止烧伤叶片；同时漂洗灌溉系统中的化肥以减少对机具的腐蚀。

21.3 实验作业与思考题

①查找资料，对待试草坪进行施肥方案设计试验，并将观测结果记入表21-2、表21-3，根据试验结果进行统计分析，确定符合草坪养护管理要求的的施肥种类及施肥量。

②制定某试验草坪的完整施肥试验方案并实施，然后分析施肥试验结果，撰写草坪施肥试验实验实习总结报告。

实验 22　草坪常见杂草的识别、调查与化学防除

草坪杂草是指草坪上除栽培的草坪草以外的其他植物。草坪杂草可影响草坪品质和观赏效果及草坪草生长发育；可增加草坪养护的困难和强度；可滋生草坪病虫；甚至影响人畜安全。因此，杂草是草坪的大敌，轻者使草坪退化，并为病虫害提供良好的寄宿地，导致草坪秃斑的形成，影响草坪景观；重者将整块草坪吞噬，使草坪杂草丛生而报废。因此，通过本实验，使学生了解当地草坪杂草的主要种类与危害程度；掌握当地常见草坪杂草的识别要点；掌握草坪杂草调查的方法及其化学除草方法。

22.1　材料与仪器设备

22.1.1　材料

草坪杂草标本、草坪杂草照片（幻灯片或电子照片）、草坪杂草实物样本、长有杂草的草坪。

22.1.2　仪器设备

标本采集箱、手持放大镜、剪刀、草坪草小铲、小锄头、塑料袋、镊子、卷尺、量杯、天平、塑料水桶、喷雾器、常用草坪除草剂、标签纸、铅笔、记录本等。

22.2　方法步骤

22.2.1　草坪常见杂草的识别与调查试验

（1）实验室内准备工作

组织学生对对草坪常见杂草标本、照片（幻灯片）、实物样本进行形态特征观察，初步对草坪常见杂草进行识别。

（2）室外草坪杂草的基本情况调查

每年春、夏、秋、冬四个季节（具体时间因地而异），组织学生到草坪现场，进行草坪杂草的主要种类和危害等基本情况调查。记载各草坪杂草的形态特征并采集标本。草坪杂草基本情况的调查方法如下：

在待调查草坪样地取 5～10 个 1 m×1 m 的样方，调查其中草坪杂草的种类、密度、盖度、频度及株高等调查项目，数据填入表 22-1 中。密度测定用样方实测法。盖度测定采用针刺法或目测法。调查中如不能确定杂草种类，则先记录其标本号，待室内鉴定后再补充记录。根据草坪样地中杂草密度、盖度、高度和频度等指标对草坪杂草危害程度按危害严重、较严重、中等、较弱和无等 5 级进行分类。

表22-1 草坪杂草基本情况调查表

草坪建植年月________草坪草种组成________生长状况________ 管理水平________调查日期________

杂草名称	密度(%)				盖度(%)				频度(%)				株高(cm)			
	样方1	样方2	……	平均	样方1	样方2	……	平均	样方1	样方2	……	平均	样方1	样方2	……	平均

(3)室内草坪杂草的形态特征识别与鉴定

对采集的草坪杂草标本进行形态特征特的识别，观测并记录其叶片、茎、根、花序与种子等器官各部分的多项形态指标(表22-2)。

对于较为常见、容易识别的草坪杂草种类可以直接鉴定确认。难以识别的草坪杂草种类，则在教师的指导下，查阅有关资料，完成进一步的鉴定工作。

表22-2 草坪杂草识别鉴定表

采集地点：________采集时间：________采集人：________

标本序号	植物学特征							植物学名	鉴定人
	叶片形状	叶鞘及叶舌	茎形状	根形状	根茎	花序	种子形状与颜色		
1									
2									
3									
4									
5									
…									

22.2.2 草坪杂草的化学防除试验

(1)除草剂种类的选择

草坪杂草化学防除的关键在于根据草坪种类、杂草种类、除草剂性质、草坪生育时期等选用最合适的除草剂。

①根据草坪草的种类与生育时期选用合适的除草剂：因为不同的草坪草对除草剂的敏感性不一样，应依据不同的草坪草选用不同的除草剂品种。据测定，草坪草的除草剂耐药性从大到小依次为沟叶结缕草(马尼拉草)>杂交狗牙根(百慕达草)>多年生黑麦草>高羊茅>草地早熟禾>匍茎翦股颖。

草坪不同生育阶段对除草剂的选用有所不同。如草坪播种阶段由于草坪种子对除草剂最敏感，所以，一般选择在草坪播后苗前使用除草剂，并且选用对草坪苗期比较安全的除草剂，如环草隆等。如草坪定植时使用除草剂，由于铺植的草坪有一个扎根成活的过程，耐药性比成坪草坪差，应选择比较安全的除草剂，如恶草灵等。如草坪生长期与休眠期使用除草剂，则更要注意除草剂的选择。并且，应注意土壤处理和茎叶处理交替使用，才可有效防除草坪杂草。

②根据草坪杂草的种类与生育期选用合适的除草剂：应根据草坪杂草的种类分别选用防除禾本科杂草、莎草科杂草和阔叶类杂草的除草剂；还应根据草坪杂草的生育期分别选用萌前除草剂和萌后除草剂。萌前除草剂在目标草坪杂草萌发前几周使用才有效，如草坪宁 1 号、乙草胺等，此类除草剂一般用作土壤处理；萌后除草剂在目标草坪杂草出苗后使用才能确保防治效果，如 2,4-D、绿茵 5 号等，此类除草剂一般采作表施（叶面喷施）。

③根据草坪杂草除草剂性质选用合适的除草剂：应根据除草剂的不同性质选用合适除草剂。如除草剂有土壤封闭剂和苗后茎叶处理剂两种类型，应分别在草坪建植前与建植后的不同阶段使用，而且应采用相应的土壤处理和茎叶喷施方法。又如除草剂有广谱性除草剂和专一性除草剂两种类型，应根据草坪杂草种类选用相应的专一性除草剂或广谱性除草剂。

除草剂依其灭杀作用与植物选择性的关系，可分为灭生性除草剂（非选择性除草剂）和选择性除草剂两类。灭生性除草剂对所有植物（包括草坪草）都有杀伤作用，如草甘膦，因此，该类除草剂一般只能在草坪建植前进行土壤处理时使用。选择性除草剂对某一类杂草有很高的杀伤作用而不伤害其他类植物，如 2,4-D 对阔叶杂草的杀伤性强，而对禾本科草坪草的杀伤性弱，因此，该类除草剂可用禾本科草坪的阔叶杂草的防除。

（2）草坪杂草的化学防除试验

本实验可根据上述除草剂选用原则选用 2 ~ 3 种适宜的除草剂，进行草坪杂草的化学防除试验。

①试验小区设置：在供试草坪地上设置试验小区，小区面积为 1 m × 1 m，随机区组排列，3 次重复。小区间隔 1 ~ 3 m。喷药前对小区内的草坪杂草种类、数量及株高等指标进行测定（表 22-3）。

②除草剂药液配制：草坪杂草化学防除的标准就是花最少的药量达到最好的除草效果，即高效、安全、经济。一般草坪杂草的除草剂防除试验可配制所选除草剂使用说明中标准（或推荐）用药浓度的 0.5 倍、1.0 倍、1.5 倍等 3 个处理浓度的药液（也可自行设计其他用药浓度处理）。

③除草剂施用：根据草坪除草剂的性质和杂草的发生期，以及杂草和草坪的生育期，选定合适的用药期，是用好草坪除草剂的关键之一。此外，草坪使用除草剂效果与环境条件密切相关。用好草坪除草剂，还必须注意光照、温度、降雨、土壤性质等环境因素对药效的影响。一般可选择阳光充足的晴朗的天气对草坪进行除草剂溶液喷雾，每个药液处理浓度喷施 3 个小区，特别应注意每个小区喷洒药液体积要相同，对照小区喷洒等体积的清水。

④除草剂施用效果观测及结果分析：除草剂与对照处理后的 7 d、15 d、30 d 分别进行杂草防除效果调查（表 22-3），并对各杂草防除效果指标进行统计分析，确定选用除草剂的最适宜、最经济的用药浓度。

表 22-3　草坪杂草化学防除效果调查表

处理	小区编号	杂草种类				杂草高度(cm)				杂草数量(株)			
		处理前	处理后			处理前	处理后			处理前	处理后		
			7d	15d	30d		7d	15d	30d		7d	15d	30d
	1												
	2												
	3												
	4												
	5												
	…												
对照	…												

注：杂草防除效果调查一般可用数量法、重量法和目测法。本试验采用目测法。①数量法：防效(%)=(喷药前杂草数-喷药后杂草数)/喷药前杂草数×100；②重量法(鲜重或干重)：防效(%)=(对照区杂草重-喷药区杂草重)/对照区杂草重×100；③目测法：以不除草对照区的杂草干扰度为100%，目测估计各处理区的杂草干扰度占对照区的百分率。防效(%)=对照区杂草干扰度-喷药区杂草干扰度。

22.3　实验作业与思考题

①对某供试草坪进行杂草调查与识别，填写表22-1与表22-2。

②描述当地草坪杂草的主要类别及其发生特点。

③对某供试草坪进行草坪杂草化学防除试验，写出草坪杂草防除的试验报告并分析其防除效果。

实验 23　草坪常见病害的识别、调查与化学防治

草坪病害是指草坪草由于生物和非生物致病因素的作用，正常的生理生化功能受到干扰，生长和发育受到影响，因而在生理或组织结构上出现多种病理变化，表现各种不正常病态甚至死亡，最终破坏草坪景观与使用效果并造成经济损失的现象。通过本实验要求学生理解各类草坪病害病状和病征的含义；了解当地草坪病害的主要种类与危害程度；掌握当地常见草坪病害的识别要点；掌握草坪病害田间调查方法；掌握草坪病害化学防治试验的设计方法；掌握草坪病害化学防治的基本程序和药效检测方法。

23.1　材料与仪器设备

23.1.1　材料

草坪草病害标本、草坪病害电子照片(图片)或挂图、草坪草病害实物样本、发生病害的草坪等。

23.1.2　仪器设备

多媒体设备、标本采集箱、手持放大镜、体式显微镜、剪刀、草坪小铲子与小锄头、镊子、卷尺、量杯、天平、水桶、喷雾器、常用草坪病害防治药剂、记录本等。

23.2　方法步骤

23.2.1　草坪常见病害症状观察与识别试验

(1)认识草坪病害症状的类型与特点

草坪病害症状是指受致病因子的影响在草坪草组织内部或外表显露出来的异常状态。症状由病状和病征两部分组成。草坪草发病后都一定会出现病状，但不一定有病征。如非传染性病害和病毒病害就只有病状而无病征。而真菌和细菌病害往往有比较明显的病征。

为了使学生对草坪病害症状类型的描述科学且相互一致，必须使学生掌握病状类型描述的基本术语。教师应根据草坪草病害标本或挂图对草坪病状类型的分类进行逐一讲解。

①草坪病状类型：草坪病状是指草坪草本身的不正常表现。常见的草坪病害病状可分为如下 5 类。

A. 变色：变色指由于病部细胞的色素改变，导致发病草坪植株的色泽发生均匀或不均匀改变。变色多发生于草坪草的叶片。其病部发生颜色变化，但细胞并未死亡。可分均匀变色和不均匀变色 2 种类型。

均匀变色常见类型有：褪绿(叶片均匀褪色的而呈浅绿色)、黄化(叶色变黄)、白化或银叶(叶色变白)、红化或红叶(整个或部分叶片变为紫色或紫红色)等。

不均匀变色常见类型有：花叶(叶片呈现形状不规则的深绿、浅绿、黄绿或淡黄色相间，

变色部分轮廓清晰。)、斑驳或斑杂(与花叶相似，但变色斑较大，轮廓不清晰。)、明脉或脉明(主脉与支脉褪绿而呈半透明状，叶肉仍为绿色。)等。

B. 坏死：坏死指发病植物组织和细胞受破坏而死亡，但仍保持原有细胞和组织的外形轮廓。最常见的是病斑(斑点)，其形状、颜色、大小不同，一般具有明显的边缘。根据形状可分为圆斑、角斑、条斑、环斑、网斑、轮纹斑等；根据颜色可分为褐(赤)斑、铜色斑、灰斑、白斑等。

叶片上较小面积的坏死称为叶斑；叶片上较大面积的坏死称为叶枯；叶片叶尖和叶缘坏死称为叶烧；叶片感病部分先呈现皮包状隆起，然后表皮细胞破裂，表面隆起、粗糙称疮痂。如果幼苗的茎基部或根部组织坏死而使幼苗枯死，死苗倒下者称为猝倒；死苗直立者称为立枯。

C. 腐烂：腐烂指较大面积植物组织的分解和破坏的表现。多汁而幼嫩的植物组织受害后细胞和组织易发生腐烂。根据腐烂的部位，可分为根腐、茎腐等。根据伴随各种颜色的变化特点，可分为褐腐、白腐和黑腐等。根据失水的快慢与组织分解的程度不同，可分为干腐、湿腐和软腐。

D. 萎蔫：萎蔫指草坪草根茎的维管束组织受到侵染破坏，造成导管堵塞，影响水分运输而发生的植株枯萎现象。植株迅速死亡而叶片呈绿色的称为青枯。

E. 畸形：畸形指病组织或细胞的生长受阻或过度造成的形态异常。即植株生长反常，而表现的器官发生变态的现象。畸形主要有如下类型：丛生(枝干的节间停止伸长而使叶片呈丛生状)、瘿瘤(部分组织细胞过度生长而形成的变态)、徒长(植株生长较正常的植株生长高大)、矮化(植株生长较正常的矮小)、卷叶或蕨叶和缩叶(叶片卷曲和皱缩)、剑叶(叶片发育受到控制，使宽大的叶片变为细小狭长状)

②草坪病征类型：草坪病征是指草坪草感染病害后，病原物在草坪草病部形成的、肉眼可见的病原物的组织结构。常见的草坪病征类型可分为以下几类。

A. 粉状物：病原真菌在病部形成的黑色、白色、铁锈色粉状物。

B. 霉状物：病原真菌在病部形成的白色、褐色、黑色霉层。

C. 点(粒)状物：病原真菌在病部形成的形状、大小、色泽和排列方式各不相同的小颗粒状物，它们大多暗褐色至褐色，针尖至米粒大小。为真菌的子囊壳、分生孢子器、分生孢子盘等形成的特征。

D. 颗粒状物(菌核)：病原真菌在病部由菌丝体变态形成的一种特殊结构，其形态大小差别较大，有的似鼠粪状，有的像菜籽状，多数黑褐色。

E. 脓状物：病原细菌在病部形成的粘液和胶痂状物。

F. 伞状物：病原真菌产生的子实体，如蘑菇。

(2)草坪草病害症状观察与识别

根据实验室提供的草坪草(或常见禾本科、豆科草本植物)的病害标本，认识常见草坪草(或常见禾本科、豆科草本植物)病害的症状，并将其填入表23-1中。

野外自行采集草坪草病害样本，根据草坪草病害症状进行识别鉴定并将病害样本制成标本保存。

表 23-1　草坪草病害症状观察

草坪草种名	病害名称	发病部位	病状	病征

23.2.2　草坪草病害调查试验

(1)草坪草病害调查的内容

草坪草病害调查的内容依据调查的目的是普查还是重点调查的不同而定。草坪病害普查的调查内容一般包括草坪病害的分布、种类、为害程度等，对病害发病率的计算并不要求十分准确，调查记录内容可参考表23-2、表23-3。草坪重要病害的重点调查则需要深入了解草坪病害的分布，除进行草坪病害的田间观察外，还要注意进行草坪病害的调查访问和座谈，进行草坪病害调查数据统计分析时须精确计算发病率和防治效果等，调查记录内容可参考表23-4。不同的草坪病害调查内容及其记录表格也可根据调查的目的自行设计表格。

表 23-2　草坪病害一般调查记录表(田块记录法)

草坪类型：________调查地点：________调查日期：________调查人：________

病害名称	危害程度(%)										
	草坪地1	草坪地2	草坪地3	草坪地4	草坪地5	草坪地6	草坪地7	草坪地8	草坪地9	草坪地10	平均

表 23-3　草坪病害一般调查记录表(种类记录法)

草坪类型：________调查地点：________调查日期：________调查人：________

病害名称	为害部位	发生特点	发病程度		
			发病率(%)	严重度(级)	感染指数(%)

表 23-4 草坪病害重点调查记录表(样点记录法)

草坪类型：________调查地点：________调查日期：________调查人：________
草坪草种：________病害名称：________田间分布：________发病部位：________
气　　温：________大气湿度：________土壤湿度：________施肥情况：________
灌溉情况：________排水情况：________其他重要病害：________
群众经验：________
防治经验及防治效果：________

调查样点	调查株(叶)数	发病株(叶)数	不同级别株(叶)数						发病率(%)	严重度(级)	感染指数(%)
			0	1	2	3	4	……			
1											
2											
3											
4											
5											
…											

(2)草坪草病害调查时期和次数的确定

草坪草病害调查时期和次数应依据草坪病害调查目的，结合草坪病害发生时期和危害情况等因素确定。如果了解调查草坪病害的一般发生危害情况，则可在其病害盛发期进行一次调查即可；如果需观察调查草坪病害的发生、发展规律，就必需定点、定时进行草坪病害的系统观察。

(3)草坪病害调杳的取样地点和方法

一块待调查草坪病害的草坪至少应选5个取样地点随机取样。并且，调查的草坪面积越大，其样点的数目应越多；一个地区的草坪病害调查应调查10块有代表性的草坪。

在一块草坪上取样时应避免在草坪地块边缘取样，取样点应至少距地边5～10步；应避免专门选择重病区取样。草坪病害调查实际操作时常采用五点法、对角线法，Z字形法、平行线法等方法(参见图23-1)取样。草坪叶部病害每个样点至少要采取50～100张叶片；全株发病时每一个样点至少要采取100～200株植株进行调查。

(4)草坪草病害发病程度的统计与分析

草坪病害调查取样后，应对各草坪取样样本的病害症状进行观察，鉴定草坪病害种类。然后，对取样样本的草坪病害发病程度进行统计，分析计算发病程度，并记入表23-6、表23-7。

草坪病害的发病程度一般采用病害发病率、病害严重程度和感染(病情)指数等3个指标表示。

①病害发病率：病害发病率是指发病植株或植物器官(根、茎、叶)占调查植株总数或器官(根、茎、叶)总数的发病率。

发病率(%)＝发病样本数/调查样本数×100

②病害严重度：病害严重度表示植株或器官的发病面积占总面积的比率(或百分率)。例

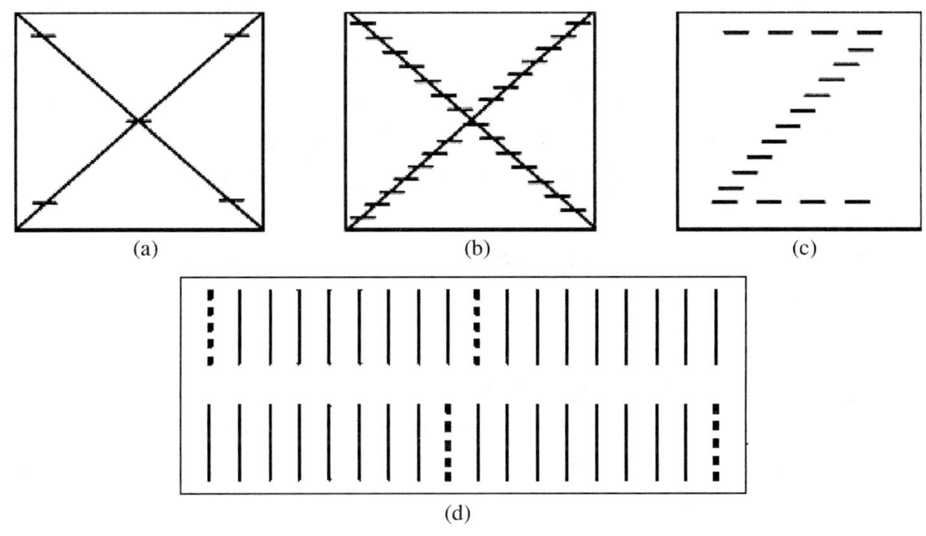

图 23-1　田间调查取样图

(a)五点法　(b)对角线　(c)Z 字形法　(d)平行线法

如发病叶片上病斑面积占叶片总面积的比率(或百分率)。实际调查中常对病害严重度进行分级，亦即根据一定的标准，将发病的严重程度由轻到重划分为几个级别。各种病害严重度的适宜分级标准应在大量的工作中反复验证才能确定。表 23-5 为草坪叶斑病害严重度的分级标准。

表 23-5　草坪叶斑病害严重度的分级标准(引自姚拓，2004)

严重度级别代表值	分级标准
0	无病
1	病斑面积占叶面积的 1/4 以下
2	病斑面积占叶面积的 1/4 ~ 1/2
3	病斑面积占叶面积的 1/2 ~ 3/4
4	病斑面积占叶面积的 3/4 以上

③病害感染(病情)指数：病害感染(病情)指数是表示发病普遍程度和严重程度的综合指标。它是将发病率和严重度两者结合在一起，用一个数值表示病害发病程度的指标。在比较草坪病害的防治效果或研究环境条件对病害的影响时，常常采用病害感染(病情)指数衡量草坪病害的发病程度。感染(病情)指数的计算公式有如下两种。

当严重度用分级代表值表示时：

$$\text{感染病情指数} = \frac{\sum(\text{发病病株或病叶数} \times \text{该级严重度代表值})}{\text{调查样本总数} \times \text{最高严重度代表值}} \times 100$$

当严重度用百分率表示时：感染(病情)指数 = 发病率 × 严重度。

23.2.3　草坪病害的化学防治试验

(1)草坪杀菌剂的种类与选择

草坪杀菌剂的种类很多，按施用阶段可以分为保护性杀菌剂和治疗性杀菌剂。可根据供试草坪病害种类选择2～3种适宜的草坪杀菌剂化学药剂进行草坪病害防治。

(2)试验小区的设置

供试草坪病害化学防治试验小区面积的确定原则是在小区四周留足保护行后，能保证有足够的调查取样量；小区田间排列可采用完全随机、随机区组、裂区设计等方式。可设置3～5次重复。杀菌剂化学药剂的药效比较试验应设计对照区，可以不施药处理为空白对照。

(3)药液配制

每种试验杀菌剂药剂均配置使用说明中标准(或推荐)用药浓度的0.5倍、1.0倍、1.5倍等3个处理浓度的药液。

(4)喷雾

选择阳光充足的晴朗天气对草坪进行待试杀菌剂药液喷雾。记录施药时间、用药量。药液喷雾应注意如下事项：每试验小区喷洒药液体积应相同，对照小区喷洒等体积的清水；不要在大雨前或大风时喷药；转换药剂时喷雾器必须清洗干净；同一药剂要从低浓度向高浓度喷洒；小区喷药时一般不应换人。

(5)药效调查与记录

①施药前1天调查草坪发病程度。

②施药后的7d，14d，21d分别进行病害防治效果调查(表23-6、表23-7)。

③试验过程中应详尽观察药剂对草坪草药害的有无、出现药害的日期、药害症状及程度、草坪草生长发育异常现象等，还应观察药剂对草坪草品质有无影响及对次年生长发育的影响

④对试验观测数据进行统计分析，计算药剂防治效果，确定最适宜、最经济的用药种类与浓度。有关计算公式如下：

感染指数增长率(%)=(施药后的感染指数－施药前感染指数)÷施药前感染指数×100

防病效果(%)=(对照区感指增长率－防治区感指增长率)÷对照区感指增长率×100

或：防病效果(%)=(对照区感染指数－防治区感染指数)÷对照区感染指数×100

表23-6 病害防治效果调查表1

草坪类型：_______调查地点：_______ 喷药日期：_______调查人：_______

处理	小区编号	发病率(%)				严重度(级)				感染指数(%)			
		施药前	施药后			施药前	施药后			施药前	施药后		
			7d	14d	21d		7d	14d	21d		7d	15d	30d
	1												
	2												
	3												
	4												
	5												
	…												
对照													

表 23-7　病害防治效果调查表 2

草坪类型________　调查地点________　喷药时间________　调查人________

处理	小区编号	感染指数增长率(%)			防病效果(%)			药害	
		7d	14d	21d	7d	14d	21d	出现日期	症状
	1								
	2								
	3								
	4								
	5								
	…								
对照									

23.3　实验作业与思考题

①观察供试草坪草病害标本，并对各供试草坪病害标本的病征与病状进行描述，填入表23-1，根据病征与病状查找资料对病害标本进行鉴定。

②选择一块草坪，对其病害进行普查，对其中的重要病害进行重点调查，写出调查报告。

③根据草坪病害调查报告，设计草坪病害的化学防治试验，并对防治试验的结果进行统计分析，写出草坪病害的化学防治试验报告。

实验24　草坪常见虫害的识别、调查与化学防治

草坪虫害的识别、调查与化学防治是草坪养护管理的重要内容。通过本实验，要求使学生了解当地草坪害虫的主要种类与危害程度，掌握当地常见草坪害虫的识别要点，掌握草坪虫害的田间调查方法，掌握草坪虫害化学防治试验的设计方法，掌握草坪虫害化学防治的基本程序和药效检测方法。

24.1　材料与仪器设备

24.1.1　材料

常见草坪草害虫标本、草坪害虫照片（幻灯片）或挂图、草坪活体害虫、发生虫害的草坪等。

24.1.2　仪器设备

多媒体设备、捕虫网、毒瓶、采集箱、手持放大镜、体式显微镜、草坪小铲与小锄头、镊子、卷尺、量杯、天平、水桶、喷雾器、笔记本、铅笔、方格纸（或求积仪）、常用草坪虫害防治药剂、记录本等。

24.2　方法步骤

24.2.1　草坪常见害虫的形态特征识别与草坪虫害症状识别试验

草坪害虫是对草坪有害昆虫的通称。昆虫属节肢动物门昆虫纲，主要形态特征为：体躯分为头、胸、腹3个体段；头部有触角、复眼、单眼和口器；胸部3节，有3对足、1～2对翅膀；腹部11节，包含大部分脏器，末端具外生殖器及尾须。可总结为：生有3对足，常具两对翅，皮韧不生骨。

（1）草坪害虫类型

草坪害虫种类繁多，分类方式多种多样，除按生物学分类方法，把草坪害虫分为昆虫纲下的不同目、科、属、种外，在防治草坪害虫实际过程中，还常常采用如下几种分类方式。

①根据害虫取食方式分类：咀嚼式（口器）：蝗虫、螟虫、夜蛾、蟋蟀、叶甲等；刺吸式（口器）：蚜虫、叶蝉、飞虱、蝇、螨和蓟马等；锉吸式（口器）：蓟马等。

②根据害虫栖息场所分类：地下害虫：金龟甲、金针虫、蝼蛄、地老虎、拟步甲和土蝽等；地上害虫：叶蝉等。

③根据草坪受害部位分类：食叶性（害虫）：取食草坪草叶片、茎秆，造成缺刻、孔洞、切断等。口器多为咀嚼式，如黏虫、草地螟、蛞蝓等；吸汁或刺吸性（害虫）：吸食草坪草叶片及幼嫩茎秆内部的汁液，使得茎叶产生褪绿的斑点、条斑、扭曲、虫瘿，甚至因传播病毒病而致畸形、矮化，有时会出现煤污病。口器为刺吸式或锉吸式，如蚜虫、叶蝉、蓟马等。

钻蛀害虫(潜叶蝇等)、食根害虫(蛴螬等)；蛀茎潜叶性(害虫)：个体较小，其幼虫钻入茎秆或潜入叶片内部危害，造成草坪草“枯心”或“鬼画符”叶，严重时草坪枯黄一片。如麦秆蝇等；食根性(害虫)：主要生活在地下，危害草坪草根部或茎基部，造成草坪黄枯。如蝼蛄、蛴螬等。

有时根据草坪受害部位，也可简单把草坪害虫分成根部和茎叶害虫两大类。根部害虫又称地下害虫，一生全部或大部时间都在土壤中生活，主要危害草坪地下和近地面部分；茎叶害虫主要取食草坪草茎叶等地上部，这类害虫再按取食方式，分为咀嚼式、刺吸式和锉吸式口器害虫。

(2)草坪害虫的危害方式与症状

草坪害虫主要通过取食和产卵行为对草坪产生危害，部分害虫产生的分泌物也可对草坪产生一定危害。

①地下害虫的危害方式与症状：地下害虫咬食草坪草根和地下茎造成草株死亡，致使草坪稀疏、形成斑秃，甚至成片枯萎死亡。

②地上害虫的危害方式与症状：地上害虫主要咬食草坪草叶茎和吸食其液叶，轻则造成茎、叶缺刻，重则食光全部地上部，或造成茎、叶失绿甚至萎蔫枯黄。

③害虫的其他危害方式与症状：有些昆虫虽然不吃草坪草，但也危害草坪，如：蚂蚁挖土筑穴，蜜蜂、土蜂等筑巢影响草坪美观；有些害虫如叶蝉和飞虱等在草坪草茎叶上产卵，造成伤口，严重时也可引起草株枯萎和死亡；有些害虫如蚜虫和介壳虫等产生的分泌物污染草坪茎叶，影响光合作用，甚至引发霉病等伤害草坪；还有些昆虫，本身对草坪无影响，但可危害人类健康，如跳蚤等不仅叮咬人体，还吸血传染疾病；还有些昆虫则是草坪病害的媒介，携带或传播病菌，造成草坪发病。草坪有害螨类及其他有害动物，则主要啃食草坪草，掘土打洞，破坏草坪景观效果。

24.2.2　草坪害虫的识别与鉴定试验

(1)草坪害虫的识别

通过草坪害虫挂图、标本或新鲜活体观察识别蛴螬、地老虎、蝼蛄、黏虫、蚜虫、螨类等草坪常见害虫的蛹、卵、幼虫、成虫的形态特征及各种害虫对草坪的危害症状。

(2)草坪害虫的鉴定

野外自行采集草坪害虫样本，根据害虫形态特征进行识别鉴定并将害虫样本制成标本保存。

24.2.3　草坪虫害调查试验

(1)草坪虫害调查的内容

草坪虫害调查的内容依据调查的目的而定。如果是草坪虫害普查，则其调查内容一般包括某一地区草坪虫害的分布、种类、大概危害程度等，对草坪虫害危害程度的计算并不要求十分准确，其调查数据记录可参考表24-1、表24-2。如果是对特定草坪地块的虫害进行重点调查时，则需深入了解该虫害的分布，还需进行虫情测定，除需进行该草坪虫害的田间观察外，还时常要进行相关的访问和座谈，进行草坪虫害数据统计分析时须精确计算草坪害虫的危害程度和防治效果等。

无论草坪虫害普查还是草坪虫害重点调查，均可根据调查的目的自行设计草坪虫害调查记录表格。

表 24-1 草坪虫害一般调查记录表(田块记录法)

草坪类型：____________ 调查地点：____________ 调查日期：____________ 调查人：____________

害虫名称	危害程度(无、轻、中、重)									
	草坪地 1	草坪地 2	草坪地 3	草坪地 4	草坪地 5	草坪地 6	草坪地 7	草坪地 8	草坪地 9	草坪地 10

表 24-2 草坪虫害一般调查记录表(种类记录法)

草坪类型：____________ 调查地点：____________ 调查日期：____________ 调查人：____________

害虫名称	为害部位	发生特点	危害程度(无、轻、中、重)

(2)草坪虫害调查时期和次数的确定

草坪虫害调查时期和次数应依据调查目的，结合虫害发生时期和危害情况等因素确定。如果仅仅只需要了解某草坪虫害的一般发生危害情况，则在其虫害盛发期进行一次调查即可。如果需要观察某草坪虫害的发生、发展规律，就必需定点、定时进行系统观察。

(3)取样

草坪虫害调查取样常采用随机取样法，实际操作时常采用五点法、对角线法，Z 字形法、平行线法(参见图 24-1)等方法取样。可根据待调查目标害虫的发生分布规律，确定适宜的布样方式。

①五点式取样法：适合于随机分布型草坪虫害。

②对角线取样法：适合于随机分布型草坪虫害。

③Z 字形取样法：适合于嵌纹式分布型草坪虫害。

④分行取样和平行线式取样法：适合核心分布型草坪虫害。

(4)虫口测定

因待调查草坪害虫栖息场所、活动能力、趋性的不同，可采用不同的测定方法对待调查草坪害虫进行虫口测定，将测定结果填入表 24-3。

表 24-3　草坪虫口密度调查统计表

草坪类型：________　调查地点：________　调查日期：________　调查人：__________

草坪草种：________　取样方式：______________________________　样方面积：________

取样点号	昆虫名称	虫期	栖息或附着部位	主要为害部位	危害状	虫口数（头或枚）	虫口密度（头或枚/m^2）

①地上样方测定：对于栖息(附着)草坪地面及草坪草植株上的虫卵(或卵块)、幼虫、若虫、蛹及不甚活跃的成虫，多采用地上样方测定法进行草坪害虫的虫口调查。每个样点划定一定面积，查数其中草坪地面和草坪草植株上的虫口数量。统计时采用 1 m^2 内的虫口数表示虫口密度。根据虫口的密集程度，样方面积可为 1 m^2、0.5 m^2 或更小；样方形状可为长方形或正方形。

②地下样方测定：对于栖息活动于草坪地下的害虫(虫态)，多采用挖土法进行调查。样方面积 50 cm×50 cm 或 50 cm×100 cm。样方深度依待调查害虫对象入土深度而定。调查样方内土中的虫口数量。必要时可进行分层调查。统计时采用 1 m^2 内的虫口数表示虫口密度。

③网捕测定：对于飞翔的草坪害虫或行动迅速不易在草坪草植株上计数的害虫，多采用网捕法进行调查。沿布样路线，用标准捕虫网，边行进边在脚前横向往复挥网扫拂草层。对草坪害虫扫网应特别加以注意的是网轨应基本与草坪地面平行。每次挥网的间隔距离应基本相等，并注意计挥网次数。捕虫网来回扫动一次为 1 复次。一般以 10 复次为一个样点。统计时以平均 1 复次或 10 复次的虫口数表示虫口密度。

④诱集测定：利用待调查草坪害虫的趋性，设计特殊的诱集器械捕获飞虫，并定时查数单位时间内每个诱集器械诱获的虫口数。如采用黑光灯、汞灯诱集蛾类等多类飞虫；采用糖、酒、醋液诱集地老虎；采用黄色盘诱集有翅蚜虫和飞虱；采用谷草把诱集虫卵等。

24.2.4　草坪害虫的化学防治试验

(1)杀虫剂种类的选择

杀虫剂是一类用于防治农林和草业有害昆虫或螨类害虫的农药。

①杀虫剂的类型：杀虫剂种类极多。杀虫剂按原料来源可分为如下类型：有机合成杀虫剂(有机氯杀虫剂、有机磷杀虫剂、有机氮杀虫剂、拟除虫菊酯类杀山剂、脲类杀虫剂、杂环类杀虫剂等。)、无机杀虫剂、微生物杀虫剂、植物性杀虫剂等。杀虫剂按作用方式分类可分为如下类型：胃毒剂、触杀剂、熏蒸剂、内吸剂、驱避剂(忌避剂)、引诱剂、拒食剂、不育剂、激素干扰剂、粘捕剂等。

②杀虫剂的选择：各种杀虫剂都有一定的毒力作用和防治对象。因此，为了有效防治草

坪害虫，首先必须选择合适的药剂。一是要准确诊断草坪害虫的种类，选择符合环保要求的高效、低毒、低残留农药及其杀虫剂。要坚持对症下药，防止误诊而错下农药及其杀虫剂，贻误防治适期；在防治时最好选用矿物性药剂、微生物与植物性药剂及高效低毒低残留药剂，这样既可以防治草坪害虫，又能保护天敌，维持生态平衡。另外，飞虱、叶蝉等害虫往往混合发生，应考虑采用对2种害虫均有效的药剂。二是要选择适宜的剂型与使用方法。为了提高药效，减少污染，可选择微乳剂、固体乳油、悬浮乳油、可流动粉剂、微胶囊剂等新型农药剂型以及低量喷雾技术、静电喷雾技术、循环喷雾技术、药辊涂抹技术、热雾技术、温控电热蒸发器、风送喷雾技术等农药使用新技术。此外，还可根据供试草坪害虫种类与上述杀虫剂选择原则选择2~3种适宜的杀虫剂化学药剂进行草坪虫害化学防治试验。

(2)试验小区设置

在供试草坪地设置草坪虫害化学防治试验小区，小区面积10 m×5 m左右，小区间隔2 m，小区排列可采用完全随机、随机区组、裂区设计等。3~5次重复。药效比较试验应设计对照区，可以不施药处理为空白对照。

(3)药液配制与喷雾

每种待试验杀虫剂药剂均按使用说明中的常规稀释倍数稀释配药；按杀虫剂的喷雾说明要求对待试验草坪进行喷雾；记录施药时间、用药量(常用克有效成分/公顷)；注意对照试验小区应喷洒等体积的清水；转换药剂时喷雾器必须清洗干净；小区喷药时一般不应换人。

(4)药效调查与记录

①施药前1天调查草坪害虫的虫口密度。每个试验小区内设4个样方，样方面积50 cm×50 cm，以4样方平均数作为该小区虫口密度。

②试验过程中应观察药剂对草坪草药害的有无、出现药害的日期、药害症状及程度、草坪草生长发育异常现象等，还应观察药剂对草坪草品质有无影响及对次年生长发育的影响。

③施药后的3 d、6 d、9 d对虫害防治效果进行调查，对调查数据进行统计分析，计算防治效果，确定最适宜的用药种类。

表24-4 草坪虫害防治效果调查表

草坪类型：________ 调查地点：________ 喷药日期：________ 调查人：________

处理	样样点号	害虫名称	虫口密度				虫口密度减退率(%)				防治效果(%)			
			施药前	施药后			施药前	施药后			施药前	施药后		
				7d	15d	30d		7d	15d	30d		7d	15d	30d
对照														

有关计算公式如下：

$$虫口减退率=\frac{药前虫口-药后虫口}{药前虫口}\times 100\%$$

$$防治效果=\frac{药前虫口+对照虫口增长量-药后虫口}{药前虫口+对照虫口增长量}\times 100\%$$

24.3　实验作业与思考题

①观察供试草坪害虫标本，根据其形态特征对害虫标本进行鉴定。

②选择一块草坪，对其虫害进行重点调查，写出调查报告。

③根据虫害调查报告，设计草坪虫害的化学防治试验，并对防治试验效果进行统计分析，写出草坪害虫的化学防治试验报告。

实验25　地毯式草皮生产

草皮铺植是目前草坪绿化中常见的一种建坪方式。草皮的生产主要涉及普通草皮的生产和地毯式草皮的生产。普通草皮生产的操作规程与草坪的播种法建坪（参见2.9实验18）技术或草坪的营养体繁殖方法建坪（参见2.10实验19）技术大体相同。普通草皮生产存在需要占用较好的土地，起草皮时会带走一定厚度的表土层等缺陷。

地毯式草皮生产是目前世界上先进的草皮生产技术，它运用高科技工艺流程，以机械设备为依托，所生产商品具有规格化、草块完整、利用率高、见效快、品种纯、运输铺装方便等优点。本实验的目的旨在通过参加实验，让学生了解和掌握地毯式草皮的生产技术环节，掌握草皮生产的基本步骤与方法。

25.1　材料与仪器设备

25.1.1　材料

草坪草种子或营养繁殖体、河塘泥或田园心土、塑料地膜、锯末、草糠或蔗渣糠、石灰粉、细土或山砂、无纺布或尼龙袋等隔离层材料、农药、腐熟的猪粪等农家肥、尿素等化肥、50%多菌灵可湿性粉剂（配成0.5%溶液）或70%百菌清可湿性粉剂（配成0.3%溶液）等。

25.1.2　仪器设备

锄头、钉耙、铁锹、草坪耙、手摇播种机、电子秤、塑料桶、脸盆、水桶或口缸、工程线、塑料袋、镇压器、喷灌设备、肥料撒播机、剪草机、细筛或纱布等。

25.2　方法步骤

25.2.1　草皮生产品种的选择

选择适应当地气候条件和市场需求的草皮草种或品种，严格控制栽植材料的质量，如采用种子繁殖，则选用的草坪草种子需有较高的净度和发芽率；如采用草坪草营养枝和根茎繁殖时，则选用的营养枝和根茎必须具备有2～3个以上的健壮活节。

25.2.2　隔离材料的选择

生产草皮的常用隔离层材料有无纺布、聚氯乙烯薄膜、聚丙烯编织片等。无纺布具有成本低，渗透性好，便于草坪草胚根穿过，同时根系可缠绕其上以防脱落等特点；聚氯乙烯地膜可使草坪草根系与土壤很好地隔离开，阻止草根下扎，促其横向生长，盘根形成网状，呈现“草毯状”坪面；聚丙烯编织片可使草坪草的一部分根系穿过编织片纵横条之间的缝隙扎人土层中，另一部分根系在编织片上的覆土中生长，这些根系横向平展生长，牢固地缠结在一起。

可根据实际情况加以选择不同隔离材料，要求成本低、形成草皮卷时间短等。同时应注意采用聚氯乙烯薄膜作隔离材料时，需提前对聚氯乙烯薄膜做打孔处理。

25.2.3　营养土配制

草皮生产在隔离层材料上必须覆盖一定厚度的营养土，一方面可起到固着草坪草根茎的作用，另一方面满足草坪草对于水分和养分的需求。

草皮生产用营养土可采用多种配方，配制比较粗放，要求不那么严格，总体原则是：因土制宜，就地取材，成本低廉；保水、保肥，应具有良好的渗透性能，通气好；土质重量要轻，含有一定的肥力；不含杂草种子。实验中可根据当地条件灵活选择营养土种类。

本实验中推荐使用的营养土配方如下：

①取细碎的河塘泥或田园心土 1 份，腐熟的锯末、草糠或蔗渣糠 1 份，再加入相当于河塘泥体积 1/3 的腐熟的猪粪；上述每吨混合土中再加尿素 1 kg，钙镁磷肥 5 kg 拌匀，然后根据草坪草种或品种所要求的 pH 条件调节该营养土的酸碱度。

②可以采用木屑、珍珠岩、煤渣等作为基质与田园土混合；还可采用垃圾土加田园土作基质；如采用煤渣作为基质则需增施化肥。

25.2.4　坪床的准备

将计划培育地毯式草皮的地块进行清理、翻耕、耙耪、平整后，上铺无纺布或聚氯乙烯薄膜、聚丙烯编织片等隔离材料，在隔离材料上覆盖先前配制好的营养上，厚度 2.0～2.5 cm 左右，用草坪耙耙平以备播种。为防止草皮地下害虫，可施用敌百虫、呋喃丹等制成的毒土撒入坪床面进行土壤处理。

25.2.5　草皮种植

草皮种植通常采用种子繁殖和营养体繁殖两种方法。常采用种子繁殖法生产草皮的草坪草种有早熟禾、黑麦草、高羊茅等；常采用营养体繁殖法生产草皮的草坪草种有狗牙根、匍匐翦股颖、细叶结缕草等。

(1)种子种植方法

如结缕草等草坪草种子具有休眠性，播种前需提前进行打破休眠处理后再进行消毒处理。如种子无休眠性，则可可直接进行消毒。可采用 50% 多菌灵可湿性粉剂配成 0.5% 溶液，或 70% 百菌清可湿性粉剂配成 0.3% 溶液，对种子进行 24 h 浸泡消毒，沥水后播种。

可以采用单一草坪草种(品种)播种、多草坪草种(品种)混播。一般采用人工播种或采用小型播种机进行播种。为使播种均匀，首先要划出一定面积的区域，按面积确定播种量，撒播种子时先沿坪床纵向播一遍，而后再横向播一遍，使草坪草种子分布均匀。播种量要根据草坪草种子大小(千粒重)、净度、发芽率等确定。播种量过多出苗后密度大，通风透气性差，易发生草坪病害，也会因种子耗费过多而增加生产成本和造成不必要的浪费；播种量过少则形成的草皮卷的密度稀疏，降低草坪成坪速度与质量，增加草坪养护管理难度。一般播种量：草地早熟禾为 15～18 g/m^2；高羊茅为 25～30 g/m^2。根据草坪草种子大小，播种后还需覆盖 0.5～1 cm 厚的营养土，然后再进行压实。

(2)营养体(根状茎、匍匐茎)种植方法

采集具有 2～3 节间的健壮草坪草匍匐枝和根茎。放在荫凉处备用。温度高时应喷水防止干枯。然后将草茎种植材料按 500～700 g/m^2 的用量均匀地撒在坪床上，并及时盖上 2 cm 厚的营养土。覆盖营养土时，防止将草茎全部埋于土下，应保证有 1/3 左右的草茎叶露出营养土，盖土后用木板轻拍压实，增加草茎与营养土的接触面积。

25.2.6 镇压与覆盖

草坪草种子或营养体种后进行适当镇压可增加种子或营养体与营养土的接触面积，有利于草皮的迅速生成。此外，在镇压后的坪床上亦可加盖稻草、草帘、秸秆等覆盖材料，但不能过厚，要保持有一定透光性。

25.2.7 养护管理

(1)灌溉

灌溉时最好使用喷灌强度较小的喷灌系统，以雾状喷灌为好；灌水速度不应超过土壤的有效吸水速度，一般1次灌水持续到2.5～5 cm土层完全浸润为止；严格限制坪床表面小水坑的出现。灌水原则是前期少量多次，三叶期以后逐渐减少灌水次数，但灌水量需加大。

(2)揭除覆盖物

待草坪草幼苗基本出齐后，应选择阴天或傍晚及时揭除覆盖物。

(3)追肥

草坪草出苗后20～25 d左右，根据植株发育情况、叶色表现，因地制宜补施氮肥和复合肥。一般生长前期以追施氮肥为主，尿素施肥量5～10 g/m^2，每10～15 d施肥一次；生长中期以氮磷复合肥为主，每10～15d施肥一次，磷酸二铵施肥量10～15 g/m^2，也可以采用喷施1%～1.5%加氮磷酸二氢钾溶液，加速根系生长，促进不定根等次生根的再生和根系相互交织，加速草皮卷的形成，保证草皮卷的质量。施肥要均匀，施肥后注意浇水，防止烧苗。

(4)修剪

修剪应遵守1/3原则，即每次修剪时，剪掉的部分不能超过原叶片长度的1/3。修剪留茬高度因草坪草种和品种不同而异。如多年生黑麦草为4～6 cm，草地早熟禾4.5～6.5 cm，高羊茅5.0～7.0 cm，紫羊茅2.5～6.5 cm，匍匐翦股颖0.6～1.8 cm，结缕草3.0～5.0 cm，狗牙根2.0～3.8 cm。修剪频率因季节而异，一般在生长旺盛期，每周需修剪2～3次。

(5)其他养护

杂草、病虫害防除在草皮养护过程中是关键的技术环节，从某种程度上说对商品草皮的质量起决定作用。此外，草皮生产过程中进行适时滚压可加强草坪草分蘖和提高草坪的平整度和质量。

应在早期采用适当人工拔除与化学防除相结合方法去除草坪杂草。在早期可用50%的百菌清粉剂、70%代森锰锌可湿性粉剂、50%福美双、甲霜灵、多菌灵、乙磷铝兑水喷雾交替使用或2种药剂合理复配使用，做到有病治病，无病防病。对防治食叶害虫如黏虫，可用50%辛硫磷乳油5 000～7 000倍液；防治叶蝉、盲蝽类40%乐果乳剂1 000倍液，90%敌百虫1 500倍液。

25.2.8 草皮卷收获

当坪床上的草坪草的覆盖率达95%以上时，一般在播种后40～50 d，用手掀开草坪，白根已连成片，草坪根茎盘根错节，形成网状，隔离层上已形成草毯。此时可收获草皮。草皮收获前要修剪一次，使草皮均一亮洁，美观平整。收获时更应注意草坪床区土壤湿度，若表土干燥或过度潮湿，草皮均不宜收获。

草皮生产中草皮卷可用起草皮机收获。草皮的厚度取决于草坪草种、床土的平整度、土壤类型、草皮密度、地下茎的数量及根系的发育状况。通常薄的草皮易运输且生根快，但易干燥；厚的草皮较耐旱，但生根较慢。早熟禾、狗牙根和结缕草的草皮厚度为 1.3 ~ 2.1 cm，紫羊茅为 1.8 ~ 2.5 cm，剪股颖为 0.8 cm，斑点雀稗、假俭草为 2.1 ~ 3.3 cm。

25.2.9　草皮运输

草皮运输中，为了防止草皮脱水，常用帆布或遮阳网覆盖草皮。同时要注意防止草皮内部发热。

草皮运输到草坪建植场地后可按"实验 19　草坪的营养体繁殖方法建坪"介绍方法进行草坪铺植。

25.3　实验作业与思考题

①掌握地毯式草皮生产各环节的技术要点，实地操作，写出一份完整的地毯式草皮生产实验报告。

②查阅文献资料，试论述你所了解的其他草皮生产技术。

实验26　草坪机械操作演示及检修保养

草坪建植与养护管理措施均可实现机械化作业，各式草坪建植和养护管理及草皮生产的机械设备越来越得到广泛应用。并且，随着人力成本的上升，草坪机械应用将会变得越来越广泛。通过本实验和结合本课程课堂教学，要求学生进一步认识各种草坪机械整体结构特点；通过实地操作演示，初步了解各种草坪机械操作的基本常识；熟悉其操作要点和检修保养基本知识；掌握其操作方法。

26.1　材料与仪器设备

26.1.1　材料

将要进行草坪建植的草坪草建植用草皮和种子及草茎或将要进行草坪养护管理的草坪。

26.1.2　仪器设备

各种草坪修剪机、各种草坪机动喷雾粉机、其他草坪建植与养护管理机械、各种草坪机械检修保养设备与工具等。

26.2　方法步骤

26.2.1　草坪修剪机械的操作演示

(1)做好准备工作

①仔细阅读操作演示草坪修剪机的《使用说明书》，熟悉机械的控制装置和使用方法。

②检查草坪修剪机的发动机润滑油是否达到“高位”标志位置，其燃油是否足量？如果不足量时，应及时添加。

③检查草坪修剪机的空气滤清器的滤芯是否清洁干净？若其尘土等过多，应及时清洁。

④检查草坪修剪机的刀片是否正常？螺栓是否锁紧？必要时应及时维护或替换。

⑤清除待修剪草坪上的木棍、石头、瓦砾等杂物。

(2)起动

①打开草坪修剪机的化油器上的燃油阀、阻风阀、节流阀等。

②抓住手柄，先轻轻拉起动索，当感到有阻力时，再猛拉起动索，启动发动机。

③发动机启动后，关小油门，低速运转2～3 min，待发动机升温后，再开大油门，使发动机达到额定转速。

(3)剪草作业

①如果使用推行式剪草机，操作人员步行推进，推进速度应与刀片旋转速度相匹配。作业中，应及时根据作业质量调整发动机转速；不得跑步，更不得倒退，应平稳推进。

②如果使用手扶随行式(自走式)剪草机、坐乘式剪草机以及剪草拖拉机，当结合离合器

时，剪草机自动前进，开始剪草作业。当换挡杆处在“快速”位置时，剪草机刀片可实现高速切割；当换挡杆处在“慢速”位置时，剪草机刀片可实现慢速切割。当松开离合器时，剪草机停止前进，作业结束。

(4)停机

①缓慢将节流阀或制动阀关闭。

②关闭化油器上燃油阀。

26.2.2 草坪病虫害防治机械的操作演示

(1)做好准备工作

①仔细阅读操作演示草坪病虫害防治机械的《使用说明书》，熟悉机械的控制装置和使用方法。

②检查发动机润滑油是否达到“高位”标志位置，其燃油是否足量？如果不足量时，应及时添加。

③检查空气滤清器的滤芯是否清洁干净？若其尘土等过多，应及时清洁。

④机手应穿上长袖衣裤，戴上手套、口罩、帽子和防护眼镜。

⑤清除待修剪草坪上的木棍、石头、瓦砾等杂物。

(2)作业

①喷雾作业：将机具置于喷雾作业状态；加药：向药箱内加入药液(或清水)，加药时切勿过急过满，药液应干净；起动发动机；喷雾作业：调整油门开关，使发动机稳定在额定转速，然后开启药液开关，即可开始进行喷雾作业。

②喷粉作业：将机具置于喷粉作业状态；加药：关闭喷粉门，向药箱内加入药粉，加药粉时切勿过急过满，药粉应干燥、不含杂质、不结块；加药后应旋紧药箱盖；起动发动机；喷粉作业：调整油门开关，使发动机稳定在额定转速，然后开启药粉开关，即可开始进行喷粉作业。

(3)停机

①关闭喷药开关；关小油门，低速运行3～5 min。

②缓慢关闭节流阀；关闭化油器上燃油阀。

26.2.3 草坪其他机械的操作演示及检修保养作业

①草坪其他机械的操作演示：按照上述草坪剪草机与草坪病虫害防治机械的操作演示方法步骤，进行草坪其他机械的操作演示。

②草坪机械的检修保养作业：熟悉掌握草坪机械的基本特性；进行草坪机械的验装：开箱验货，阅读说明书，合理装配，静态调试；草坪机械的安全储放；进行草坪机械的简单养护：进行草坪机械的定期检查和规范操作，进行草坪机械的规范保养。

26.3 注意事项

(1)注意轮子的驱动

草坪过湿会使轮子打滑。前驱随行式剪草机操作时对把手的压力不能过大，否则会使前轮打滑，影响行进，加速磨损。草坪拖拉机的轮胎压力对驱动能力影响很大，轮胎压力过大会造成旋压和撕拽草坪，在行驶中突然加速也会造成轮胎对草坪的旋压，应尽量保持一个恒定的速度运行，即便是爬坡时也应如此。

(2)注意汽油机转速的控制

草坪机械的汽油机转速过高容易损坏机械；转速过低将影响其正常有效的作业。应定期用速度表按使用手册规定的参数进行检查。

(3)注意行走速度的调整

草坪机械过快的行走速度会降低其工作质量，也容易损坏机械，还容易造成安全事故。如果发现机器负荷过重，则应降低行驶速度或减少工作量。

(4)注意障碍物的清理

随时注意草坪机械行进方向上有无障碍物，一旦发现，必须立即停车清理，然后再进行修剪等草坪机械作业。

(5)注意机械噪音的识别

草坪机械在工作状态下的声音能很好地反映机械的状况。操作者必须熟悉机械正常工作状态下的噪音特点，时刻注意机械工作时声音的变化，及时调整工作状态或检查故障隐患。

(6)剪草机使用注意事项

要坚持使用锋利、平整、尾翼完好的刀片；要根据环境条件合理使用不同类型的剪草机；要根据天气状况和坪床湿度确定最佳割草期；要根据草坪草的高度和剪草机的工作能力确定合理的修剪量和留茬高度；应根据剪草机的种类和性能等合理使用。

26.4 实验作业与思考题

①简述剪草机的类型与特点及操作规程？

②简述草坪病虫害防治机械的类型与特点及操作规程？

实验27 高尔夫球场的参观及草坪养护管理

高尔夫是一种在室外草坪上，使用不同球杆并按一定规则将球击入指定洞的一种体育娱乐活动。高尔夫球场草坪是所有草坪中规模大、管理最精细、艺术品位最高的草坪，因其投入的人力和物力最多，其草坪的规划设计、草坪草种及品种选育、草坪养护管理技术等均代表着草坪学的最高水平。通过高尔夫球场的参观与一定时间的高尔夫球场实习及其草坪的养护管理，使学生了解高尔夫球场基本概况与高尔夫运动的特点；学习掌握高尔夫球场发球台草坪、球道草坪、果岭草坪与高草区草坪及备草区草坪等不同类型草坪的养护管理特点和技术；了解高尔夫球场建造与球场草坪的坪床结构及建植技术；进一步增强从事草坪建植与养护管理专业技术工作的水平与技能，努力提高专业动手实践与创业、创新及就业能力。

27.1 材料与仪器设备

27.1.1 材料

标准高尔夫球场与高尔夫练习场或模拟高尔夫球场的各种类型草坪；各种高尔夫球场草坪质量的评价标准与评价体系；需要补播的草坪草种子或需补植的草皮块、肥料、表面覆沙材料、草坪除草剂、草坪病虫害防治药剂等。

27.1.2 仪器设备

卷尺与皮尺、计算器、记载本与各种记载表格、铅笔、各种高尔夫球场常用机械设备(如各种草坪修剪机、施肥机、覆沙机、打孔机、滚压机、清洁机、喷药机、穿刺机械、中耕机、拖耙、草坪刷等)等。

27.2 方法步骤

27.2.1 做好准备工作

为了使“高尔夫球场的参观及养护管理”教学实验实习获得良好的效果，必须事先做好计划，做好各项准备工作。

(1)熟悉实验实习内容，确定具体方案

要求熟悉高尔夫运动规则与发展基本概况；熟悉高尔夫球场草坪类型、各类型草坪的坪床结构与养护管理特点；了解高尔夫球场所在地的自然地理状况、气象与草坪草等植物状况等。

高尔夫球场的参观及养护管理教学实验实习具体方案内容包括实验实习目的、要求、内容、时间、地点、方法、途径及经费等。

(2)建立实验实习小组，制订实验实习要求

将参加实验实习的同学划分为若干个小组，各小组设立组长，各组之间与组内各同学之间分工协作。实验实习小组的人数，则应根据实验实习时间与内容、活动范围等条件确定。

时间较短、规模较大的实验实习，小组人员要多些，每组7～10人为好；规模较小的实验实习，每组3～5人为宜。可事先召开动员会，明确责任要求与注意事项。

参考有关的书籍和资料，初步制订实验实习的内容及需要完成的实验实习报告内容。一般要求“高尔夫球场的参观及养护管理”实验实习报告内容包括：高尔夫球场及球场草坪概况（高尔夫球场地理位置、气候与球洞特点、高尔夫球场草坪建植坪床结构、草坪草种及品种名称与特点、球场运行及经营状况等）；高尔夫球场发球台草坪、球道草坪、果岭草坪与高草区草坪及备草区草坪等不同类型草坪的养护管理特点和技术；高尔夫球场发球台草坪、球道草坪与是、果岭草坪与高草区草坪及备草区草坪等不同类型草坪的杂草发生规律及防治特点；高尔夫球场发球台草坪、球道草坪与是、果岭草坪与高草区草坪及备草区草坪等不同类型草坪的质量评价；高尔夫球场管理的优势、存在问题及解决方案；高尔夫运动的击球技术与技巧；高尔夫球场的参观及养护管理的体会等。

(3)准备仪器用具，确定适宜时间

准备实验实习所需的必要的仪器用具。包括交通工具、收集样本用品与准备问卷调查记载表格、实验实习需用的仪仪器设备与用具(包括容器)及生活用品(包括药品)等。

对高尔夫球场的参观及养护管理的时间，原则上可一年内均可进行，但限于高尔夫运动及草坪生长特点，最好选择5～9月也可选择高尔夫运动及草坪生长高峰期进行。也可根据实际情况和需要，选择适当时间进行灵活安排。

27.2.2 高尔夫球场的参观

高尔夫球场的参观按如下程序进行：

按时集合→教师讲解→乘车前往高尔夫球场→现场参观→高尔夫球场技术员讲解→参观高尔夫球场场地全景→调查高尔夫球场的组成(发球台、球道、果岭、沙坑)→高尔夫球场负责人讲课→根据实验实习内容完成实验实习报告。

27.2.3 高尔夫球场的草坪养护管理

高尔夫球场草坪与其他草坪比较，其养护管理具养护管理精细，科技含量高；自动化管理程度高；机械化程度高；使用草坪专用产品多等特点。其主要常规养护管理措施如下：

(1)灌水与修剪

高尔夫草坪比一般草坪的灌水频率要高。如天气炎热或干燥的生长季节，果岭草坪必须天天灌水。灌水时间宜在晚上或果岭未使用时的清晨进行，一般不需要大水灌溉，水能渗透表层15～20 cm土壤即可。炎热干旱的夏季，为了降温，在每天中午可喷水几分钟。

高尔夫草坪比一般草坪的修剪频率要高。发球台草坪通常每星期应剪草2次，留茬高度以1～1.3 cm为宜。果岭草坪初期修剪留茬高度应控制为0.8～1.2 cm，以后逐步降低至需要的理想高度。

(2)施肥与杂草防治

高尔夫草坪比一般草坪的施肥频率要高。当幼坪生长到4～5 cm时，可进行第一次施肥。以后为保证草坪草应有绿色与生长速度，还应经常施肥。但是，为防止高尔夫草坪被肥料灼烧，应注意：刚剪草后不施肥；施肥当天不剪草；施肥前对果岭进行打孔；施肥前让土壤适当干燥，施肥后浇透水。

新建果岭草坪和发球台草坪，杂草量不会很大，可通过人工拔除。新建球道草坪和高草区草坪有时杂草虽然较多，但仍以人工拔除为主。除非万不得已，尽量不要在幼坪期使用除草剂。采用除草剂时应谨慎选择。根据杂草类型有针对性地选用选择性除草剂。使用前，最好先试验，和掌握除草剂种类、浓度、用量、时间等。

(3)病虫害防治与覆沙

病虫害可以对果岭草坪造成严重危害，任何轻微的伤害都会影响果岭的击球质量及外观。一旦有病虫害迹象即应喷洒适当的药剂进行防治。

高尔夫草坪比一般草坪的覆沙频率要高。初期覆沙的厚度稍厚，以覆盖根茎、露出叶片为适度。后期随着果岭光滑度加大，覆沙厚度减小，一般为 2 ~3 mm 厚，次数增加，3 ~4 周进行一次。如果草长到可修剪的高度，覆沙前修剪更有助于沙子的沉落和拖沙时沙的均匀再分配。覆沙由覆沙机完成，随后用铁拖网或棱形塑料网或人造地毯将表面拖平。

(4)松土通气与其他作业

高尔夫草坪比一般草坪的松土通气频率要高。如高尔夫果岭和发球台草坪人员践踏较重，土壤容易紧实，通透性降低。在草坪生长茂盛、生长条件良好的情况下进行打孔，每年进行 2 ~3 次。生长季内须定期划破表土。划破表土有利于清除枯草层，改善土壤通透性，促进草坪草根系生长。通气作业之后应立即进行表面施肥和灌水，能有效防止草坪草的脱水并能提高根部对肥料的利用率。夏季到秋季进行表层垂直切割，可使空气和水分进入土壤，减轻土壤紧实度，阻止形成枯草层。

此外，高尔夫球场草坪的养护管理还包括滚压、更换洞杯、修补球疤、冬季交播等措施，应根据具体情况适时选用这些养护管理作业。

(5)高尔夫球场草坪的质量评价

为了保证高尔夫球场草坪的高质量要求，应根据高尔夫球场草坪质量标准，定期进行高尔夫球场所草坪的质量评价，并根据草坪质量评价结果，及时调整高尔夫草坪的各项养护管理措施。

27.3　注意事项

①每个实验实习小组设一名组长，负责本组的考勤及日常事务，发现问题及时与负责实验实习教师联系、汇报；参加实验实习同学均要遵纪守法、服从领导、认真遵守实验实习高尔夫球场和学校的各项规章制度，尊重当地的风俗习惯，与所在高尔夫球场和同学搞好关系。

②认真记好实验实习日记，主要记载实验实习、草坪建植与养护管理及草坪学科研实践活动中的收获体会。加强纪律性，实验实习期间不得无故缺席，严格执行考勤制度。

③爱护实验实习高尔夫球场的一切公私财物，借用物品、资料用完后应立即归还，损坏要赔偿。

27.4　实验作业与思考题

①实验实习结束后每人需交一份实验实习报告与总结；实验实习结束后，可召开实验实习总结会，相互进行实验实习交流。

②高尔夫球场草坪的建植与养护管理技术有何特点？

③高尔夫球场发球台草坪、球道草坪、果岭草坪与高草区草坪及备草区草坪等不同类型草坪的养护管理技术、杂草发生规律及防治技术及其综合质量评价的差异？

第 4 篇

草坪质量评价与经营管理实验

实验 28　草坪外观质量评价

草坪质量是指草坪在其生长和使用期内功能的综合表现。它体现了草坪建植技术与养护管理水平的高低，是对草坪优劣程度的一种评价。通过本实验，使学生熟悉和掌握草坪外观质量的评估指标与评分标准及方法，积累草坪外观质量评价的经验，掌握草坪外观质量的NTEP 评分法。从而能够在今后从事草坪实际工作中，能够依据草坪的不同用途及生长环境，能够有侧重地提出草坪草坪用外观性状的评价指标。

28.1　材料与仪器设备

28.1.1　材料

待进行草坪外观质量评价的草坪地 2 ~ 3 块。待测草坪可以是不同草坪草种或品种的品种比较试验圃中的各草坪草种或品种材料；也可是不同养护管理措施处理的草坪养护管理试验材料。

28.1.2　仪器设备

比色卡(计)、直尺、工程线、卷尺、草坪小铲或小锄头、测针、游标卡尺、剪刀、台秤、电子天平、烘箱、剪草机、草皮强度计、草坪密度测定器、铅笔、记录本等。

28.2　方法步骤

28.2.1　确定草坪外观质量评价指标与评分标准及评价方法

草坪外观质量评价各种指标与评分标准及测定方法如下。

(1)草坪密度

草坪密度是指单位面积上草坪植物个体或枝条的数量。它是草坪外观质量最重要的评价指标之一。草坪密度的测定方法分为目测法与实测法 2 种。

①目测法：目测法是指以目测估计单位面积内草坪草植株的数量，并人为划分一些密度等级，以此对被测草坪密度进行分级或打分。如评价正在建植的草坪密度，其草坪密度评与其盖度紧密相关。美国国家草坪草评定计划(NTEP)评分法的草坪密度评分标准如下：从草坪上方垂直往下看，小区完全由裸地、枯草层或杂草组成时，为 1 分，表示草坪密度为极稀疏；盖度 <50% 时，1 ~ 3 分；盖度 50% ~ 80% 时，3 ~ 5 分；盖度 80% ~ 100% 时，5 ~ 6 分，6 分表示草坪密度为密；盖度达 100% 时，由较稀到很稠密，给 6 ~ 9 分，9 分表示表示草坪密度为极密。

②实测法：实测法是指记数一定面积样方内草坪植物的个体数。通常样方面积为 50 ~ 100 cm^2。同时为了保证测定结果的准确性和代表性，通常设置 3 ~ 4 次测定重复。在样方选

定后，将地上植株齐地面剪下，记数其地上植株或茎数、叶数。密度实测值的表示方法有单位面积株数、茎数和叶数。一般草坪密度多用单位面积枝条数来表示。

9 分制目测法与实测法具有一定对应关系：9 分极密相当枝条密度≥3.5 枝/cm^2；6 分密相当枝条密度 2.5～3.5 枝/cm^2；1 分极稀疏相当枝条密度≤0.5 枝/cm^2。

(2)草坪盖度

草坪盖度是指草坪草覆盖地面的程度，用一定面积上草坪草植株的垂直投影面积与草坪所占土地面积的比表示。草坪盖度与其密度密切相关，但密度不能完全反映个体分布状况，而盖度可以表示植物所占有的空间范围。草坪盖度可采用目测法或针刺法测定。

①目测法：目测法有两种测定方法。一是利用预先制成 100 cm×100 cm 的样框，内用线绳平均分为 100 个 10 cm×10 cm 的单元小格，将样框放置被测草坪样地上，目测计数草坪草植株在每单元中所占有的比例，然后将各单元的观测值统计后，用百分数表示草坪的盖度值。二是直接目测估计样框中草坪覆盖面积所占的比例。重复次数 5～10 次。草坪盖度分级评价可采用 9 分制，也可采用 5 分制，盖度为 100%～97.5% 记 5 分；97.5%～95% 记 4 分；95%～90% 记 3 分；90%～85% 记 2 分；85%～75% 记 1 分；盖度不足 75% 的草坪需要更新或复壮。

②针刺法：将上述具有 100 个小方格的样框置于被测草坪上，用细长针垂直针刺每一格，然后统计某草坪植物种及全部植物种与针接触的次数及针刺总数，两者的比值即为某草坪植物种的盖度和植被的总盖度，以百分数表示，一般重复 5～10 次。

如果草坪面积很大，可用一条 100 m 长的测绳，穿过草坪不同区域，再用钢卷尺测量有空地(无草生长)的长度，取其平均值，即：

$$C(\%) = 1 - \left[\frac{\sum_{i=1}^{n} L_i}{100}\right] \times 100$$

式中，C 为草坪盖度；L_i 为空地长度。

与目测法相同，盖度值分级评价可采用 5 分制或 9 分制，盖度为 100%～97.5% 记 5 分；97.5%～95% 记 4 分；95%～90% 记 3 分；90%～85% 记 2 分；80%～75% 记 1 分；不足 75% 的草坪需要更新或复壮。

(3)草坪质地

草坪质地是指草坪叶片的细腻程度，主要是对草坪草叶片宽窄与触感的量度，是人们对草坪草叶片喜爱程度的指标，取决于叶片宽度、触感、光滑度及硬度。

中国草坪质地的测定方法多用草坪草叶片最宽处的宽度表示，叶宽的测定要选择叶龄与着生部位相同的叶片测量，重复次数要大于 30 次。通常认为草坪叶片越窄，其质地越好。美国 NTEP 评分法的草坪质地评分标准如下：

①手感光滑舒适，叶片宽度为 1 mm 或更窄为 8～9 分；

②叶片宽度 1～2 mm，7～8 分；

③叶片宽度 2～3 mm，6～7 分；

④叶片宽度 3～4 mm，5～6 分；

⑤叶片宽度4～5 mm，4～5分；

⑥叶片宽度5 mm以上，1～4分；

⑦如果待测草坪叶片较窄，但其对手感不好的草坪，则在以上评分的基础上，其评分略减。

(4)草坪颜色

草坪颜色是指草坪草反射日光后对人眼的色彩感觉。它是对草坪反射光的量度，通常用草坪草的绿度表示。草坪颜色的测定主要有目测法和实测法两种。

①目测法：目测法是指以观测者对草坪的目测结果对草坪颜色给予等级划分的评价方法，包括直接目测法和比色卡法。

A. 直接目测法：观测者根据主观印象和个人喜好给草坪颜色评价打分。如美国NTEP评分法的草坪颜色评分标准如下：枯黄草坪或裸地为1分；小区内有较多的枯叶，较少量的绿色时，1～3分；小区内有较多的绿色植株，少量枯叶或小区内基本由绿色植株组成，但颜色较浅时，为5分；草坪从黄绿色到健康宜人的墨绿色为5～9分。

B. 比色卡法：事先将由黄色到绿色的色泽范围内，以10%为梯度逐渐增加至深绿色，并以此制成比色卡，由观测者将被观察草坪的颜色与比色卡对照，从而确定草坪颜色等级。

采用目测法测定草坪颜色时，可在样地随机选取一定面积样方，以减少视觉影响；测定时间最好选在阴天或早晨进行，避免太阳光太强造成色感误差。

②实测法：通常采用叶绿素含量测定法和草坪反射光测定法等实测法评价草坪颜色。也可采用根据草坪颜色与叶绿素含量及草坪反射光关系制成的专门草坪颜色测定仪测定草坪颜色。

草坪颜色的叶绿素含量测定法可参照植物生理生化实验指导书介绍方法进行；草坪颜色的草坪反射光测定法与草坪颜色测定仪测定仪可参照仪器操作说明书进行。

(5)草坪均一性

草坪均一性指草坪外观上均匀一致的程度，是对草坪草颜色、生长高度、密度、组成成分、质地等项目整齐度的总体评价。草坪均一性的测定应在修剪一定时间后进行，测定方法有如下4种。

①样方法：样方法就是计数草坪样方内不同类群的数量，然后计算各自的比例以及在整个草坪中的变异状况。样方法的样方面积多为直径10 cm的样圆，重复次数依草坪面积而定，一般重复次数应为30以上，以便计算不同样方间的变异程度。该法常用于草种性状差异较大的混播草坪的均一性测定。

②目测法：目测法测定草坪均一性，一般采用9分制评分法。草坪草色泽一致，生长高度整齐，密度均匀，完全由目标草坪草组成，不含杂草，并且质地均匀的草坪均匀性为9分，表示草坪完全均匀一致；裸地，枯草层或杂草所占据的面积达到50%以上，均匀性差为1分，表示草坪均匀性差异很大；介于以上两者之间则根据其差异状况分别评8～2分，6分表示草坪均匀一致。

③均匀度法：均匀度法是用草坪密度变异系数(CVD)、颜色变异系数(CVC)和质地变异系数(CVT)计算草坪均匀度，公式为：均匀度$(U) = 1 - (CVD + CVC + CVT)/3$。

④标准差法：标准差法是指将 10 根有刻度的针间隔 20cm 等距离置于架子上，制成简易装置，其中针可以自由的上下移动，在测定中将该装置放在草坪上，读取各针的上下移动值，重复 3 次，计算标准差，用标准差的平均值表示草坪均一性。

28. 2. 2　草坪外观质量的综合评价试验及步骤

草坪外观质量的综合评价试验及步骤如下：

(1) 确定评价指标及其权重

草坪用途不同，其外观质量评价所采用的评价指标也不相同，而且各指标在不同用途草坪中的重要性也不相同。草坪外观质量实际评价时，首先应根据草坪用途确定相应评价指标，并依据各评价指标的重要性确定其权重系数。评价指标及其权重可通过研究资料并进行统计分析获得；也可通过综合专家组的评定意见确定。

(2) 确定各评价指标的测定方法与评价标准

草坪外观质量评价指标的测定方法对草坪质量评价的真实性和准确性具重要影响。指标的测定方法必须统一、标准，具有科学性和操作可行性，同时测定程序要规范，符合国际、国内或行业标准。对一些没有标准规范的测定指标可采用大家公认的仪器或装置进行测定。

草坪外观质量综合评价方法不同其评价标准也不同。在加权评分法中要确定评价指标的分级和加权平均数的分级；在模糊综合评价法中只需确定各指标的分级。确定草坪外观质量综合评价标准受主观因素影响较大，其确定要尽力包括从差到优的所有可能情况。草坪外观质量评价指标的分级一般为 3 级制(优良，中等，较差)或 5 级制(优秀，良好，中等，较差，很差)两种。

(3) 草坪外观质量综合评价

①按照已确定的草坪外观质量测定标准、规范和方法测定各评价指标，获得待评价外观质量草坪的各评价指标值。

②对草坪外观质量评价指标进行统计分析，草坪质量综合评价的数理统计方法主要有加权评分法和模糊综合评价法。

如采用美国 NTEP 评分法对草坪外观质量进行评价，可按以下标准给待评价草坪外观质量的不同评价指标分配权重如下：颜色为 2；密度(或盖度)为 3；质地为 2；均一性为 2。则待评价草坪的外观质量总分计算公式如下：

总分 =(颜色得分 ×2 + 密度得分 ×3 + 质地得分 ×2 + 均一性得分 ×2) ÷9

③根据草坪外观质量各评价指标的综合评价统计分析结果，以 3 级制(优良，中等，较差)或 5 级制(优秀，良好，中等，较差，很差)表示等评价草坪外观质量综合评价结果。

④然后通过草坪外观质量评价指标的总分数可对被评草坪外观质量进行排序。

如采用美国 NTEP 评分法对草坪外观质量进行评价，其评价标准为：1 ~2 分为休眠或半休眠草坪；2 ~4 分为质量很差；4 ~5 分为质量较差；5 ~6 分为质量尚可；6 ~7 分为良好；7 ~8 分为优质草坪；8 分以上质量极佳。采用 9 分制评价草坪外观质量，9 代表一个草坪能得到的最高评价，而 1 代表完全死亡的草坪或休眠的草坪。

28. 3　实验作业与思考题

①选用校园不同类型草坪或不同草坪草种(品种)比较试验草坪或不同养护管理措施比较

试验草坪分别进行草坪外观质量评价试验，并写出不同草坪外质量评价试验的实验报告。

②对校园草坪教学基地引种圃的若干个草坪草种(品种)分别进行草坪外观质量分级评定，评分结果分别填入自行设计的表中，算出各自平均分数，再计算所有评价指标的加权平均分数，得出不同草坪草种(品种)外观质量的最后评价总分，并评价各草坪草种(品种)适于何种用途及利用价值。

实验29　草坪企业参观与市场调查

草坪企业是以草坪、草坪相关产品与草坪建植及养护工程项目为主要经营对象的企业。草坪市场调查是以草坪市场及市场营销所涉及的一切因素为对象，运用科学的方法，有计划、有目的地对市场信息、情报进行系统地搜集、记录、整理和分析的活动。草坪企业组织进行草坪市场调查，可获取草坪生产信息，客观认识市场，为企业营销计划和策略制定、调整和矫正营销计划的执行情况，提高企业经营管理效率及效益等提供依据。通过草坪企业参观与市场调查的理论联系实际的实习，可使学生全面地运用所学知识去分析判断工作中的实际问题，进一步扩展学生的专业知识，培养动手实践与创业就业的独立工作能力。并通过亲身参观和感受草坪企业的各项工作，初步了解和认识草坪企业的工作流程和模式；进一步培养学生的组织性、纪律性、团队精神等优良品德，为胜任以后的工作打好基础。

29.1　草坪企业参观

29.1.1　参观草坪企业选择与准备工作

一般选择学校本市区内，交通方面、草坪主营业务有特色和营销管理有一定特色草坪公司或企业进行参观。

在进行草坪企业参观前可参考“实验27　高尔夫球场的参观及草坪养护管理”中的“27.2.1 做好准备工作”做好相应准备工作。

29.1.2　内容介绍

我国草坪企业尚处于发展起步阶段。目前我国大型草坪企业的机构设置比较齐全，一般在总经理下设以下部门：

①科研部：主要负责草坪草新品种选育和草坪建植及养护管理技术的研发。

②生产部：主要负责草坪繁育基地相关工作，并负责草坪生产及质量评价等项工作。

③营销部：主要负责草坪与草坪草种子及草坪建植和草坪养护管理业务的经营销售工作。是中资企业一个十分关键的部门。

④行政与人事部：主要负责企业的日常行政工作；负责企业人事调动、职员安排与培训等。

⑤财务部：主要负责企业的财务相关的分配、预算等。

此外，高尔夫等运动场草坪、绿化与物业管理企业则一般在其企业行政管理机构下，另设草坪部及草坪总监职位，专门负责高尔夫球场等运动场草坪、绿化与物业管理草坪的养护管理工作。

29.1.3　参观过程

(1)了解草坪公司的类型及其基本概况

通过草坪企业的参观，要弄清如下该草坪企业类型及基本情况：企业所在地点、企业规模与经营业绩、企业类型、部门分工、创 办 人、主营产品、成长经历等。

(2)针对企业的不同分工，可以按部门分别参观

①草坪(草坪草种子)基地：草坪或草坪草种子基地是草坪企业生产经营的基础。进行草坪或草坪草种子基地的参观过程中，通过负责人的介绍，我们可以了解该草坪企业草坪或草坪草种子基地的面积、地理位置与生产数量及产品标准；了解该基地生产草坪或草坪草种子类型；参观草坪或草坪草种子基地的生产设施及机械设备；了解草坪或草坪草种子生产技术及其对草坪(草坪草种子)基地的管理机制。

②草坪或草坪草种子收购：草坪或草坪草种子收购是草坪营销活动中的重要环节；是把住草坪或草坪草种子质量的重要关口。在参观草坪企业的草坪或草坪草种子收购过程中，可以清楚地观察到草坪或草坪草种子收购场地的情况；草坪或草坪草种子收购及其质量快速检验过程中所需要的一些仪器设备；收购草坪或草坪草种子的质量快速检测的指标，以及该过程中的人员配置等。

③草坪或草坪草种子质量检验：参观草坪或草坪草种子质量检验部门，可以了看到该部门主要从事的活动，负责人会讲解关于对草坪与草坪草种子的原种生产、亲本种子来源、生产田的布置、田间花期检验、种子收购把关、种子加工、计量、包装等各个环节的检验的标准，通过介绍，了解检验时需要测定的指标，以及这些指标应达到的要求和标准。通过观察检验人员的工作过程，更清晰的掌握草坪或草坪草种子质量检验部门的工作流程。还可参观质量检验的仪器设备，了解其用途及其使用方法。

④草坪或草坪草种子加工：通过企业部门负责人的介绍和本人的参观，可了解草坪与草坪草种子加工的相关流程，包括清选、分级、加工、包衣、包装等一系列过程；可了解加工过程中所用仪器用具，所用药剂种类及要求，加工程序，包装规格等；通过草坪与草坪草种子等草坪企业产品仓贮设施藏的参观，可了解草坪与草坪草种子等草坪企业产品的贮藏条件，可观察仓库的大小，通风情况，位置，卫生条件，选择标准和要求等；还可观察草坪与草坪草种子等草坪企业产品在仓库的摆放情况，包括摆放位置，摆放形状等。

⑤草坪或草坪草种子销售部门：通过草坪或草坪草种子等草坪草企业产品销售部门的参观，可了解销售部门的员工数量与分工、产品销售价格与产品包装；还可了解企业产品销售部门区域划分制度等。

⑥企业文化参观：草坪企业的企业文化和员工风貌是企业形象最好最直接的体现。在负责人的带领下通过观看幻灯片或者视频资料等方式，可了解所参观企业的成长历程；了解企业的企业文化；了解企业的管理规章制度和员工风貌。

29.2 草坪市场调查

29.2.1 草坪市场调查内容

宏观市场因素调查是企业选择目标市场、营销策略定位的基础。草坪企业市场调查的主要内容如下。

(1)宏观市场因素调查

①政治环境：包括社会、政治、宏观经济形势；市场区域的方针政策、法律法规、草业发展规划及草业产业政策等；

②经济形势：包括与草坪企业营销密切相关的居民收入水平、年景丰歉、产业结构、草业产业结构、科技发展水平、产业发展趋势等；

③社会文化环境：包括草坪企业产品消费及用户的教育文化水平、职业构成、习惯习俗等；

④自然地理条件：包括草坪企业产品消费及用户的地理位置、气候条件、地形地貌、交通运输、土地资源等。

(2)微观市场因素调查

微观市场因素调查的主要内容如下。

①草坪市场需求和销售趋势、市场现有和潜在需求容量调查；市场对草坪质量、包装、运输、服务方式等的需求特点和规模的调查；

②不同地域的营销机会，企业与竞争对手现有市场占有率的调查；

③消费结构及其变化趋势、销售变化趋势的调查；

④草坪用户类型、购买者和购买行为、购买类别、习惯、原因、影响因素以及消费者对竞争者产品的态度等的调查。

(3)企业可控因素调查

企业可控因素调查的主要内容如下。

①草坪品种：如草皮或草坪草种子特性、包装大小、耐久性；草坪用户的评价、要求、同类产品相比较的优势、对新产品的要求；

②价格：市场销售草坪品种的价格反应、价格与销售量、销售渠道、各区域经销商的销售量、经营能力、利润，及草坪企业产品的贮存、运输以及成本，进一步拓展网络的可能性等；

③促销方式：即各种促销手段及其组合运用效果、推销方式、服务方式、广告媒介等。

(4)竞争状况调查

进行草坪市场竞争状况调查，以利于草坪企业确定市场竞争策略，调查内容包括：同行竞争者的数目、草坪企业生产规模、草坪及其相关产品质量；草皮与草坪草种子品种性能、包装、成本、价格和利润水平；竞争者同类商品在市场占有率和未来变化趋势；各竞争者对手的优势、劣势等。

(5)售后服务调查

售后服务调查包括：草皮或草坪草种子新品种种植后的表现，用户对本企业所销售草皮或草坪草种子品种产品的评价、意见及要求，技术指导意见的针对性和适应性等。

29.2.2　调查方法与调查过程

草坪市场调查方法主要有文案调查法和实地调查法。草坪市场文案调查法的资料来源和收集渠道主要包括草坪企业内部资料、公共图书文献资料和互联网与联机检索文献资料等；实地调查法包括访问法(包括问卷邮寄调查法、电话访问法、座谈访问法等)、观察法和实验法等 3 种。草坪市场调查过程如下：

(1)调查问题

围绕上述草坪市场调查的宏观与微观因素，可根据企业草坪产品经营策略制定、战略规划等需求、上级部门指示等，明确具体的亟待解决的若干个问题，以便进行市场调查表的设计，开展调查。

(2)调查准备

在明确调查问题及内容的基础上，在调查工作开始之前，应积极主动做好草坪市场调查的准备工作。首先，要确定调查目的、对象、调查项目及调查范围。第二，要拟订市场调查的组织计划方案，主要内容包括调查方法与技术、人员及时间安排、资金及行程等。第三，要制订调查项目建议书，以简单明了地向企业负责人汇报调查内容、目标和方法。第四，进行调查计划的审定，即调查项目建议书送达企业高层管理部门，进行逐级审批，最后决定是否执行。

(3)实施调查

①明确本次草坪市场调查的方法及本次调查的内容、要求及注意事项。

②以小组为单位，分别就销售草坪产品的品种结构、销售渠道、销售价格和销售量等为专题，拟定调查提纲，并按照划定的区域或路线，以访问、观察等方法开展实地调查。

针对本次草坪市场调查的目的，客观科学地设计出相应的"草坪市场调查表"是一个非常重要的环节。调查表有自由对答式、选择式、序列式等类型。在设计调查表时还应兼顾必要性，可行性，准确性，客观性和艺术性。要将所要调查的内容包含在调查表中的调查问题里，要求简洁精确。"草坪经营状况调查表"和"草坪品牌和质量的调查问卷"2 份草坪市场调查表分别参见表 29-1 与表 29-2。

表 29-1 草坪经营状况调查表

您好！我们是××××大学草坪经营课题组的调查员。我们想对您进行一次关于草坪品牌经营情况的调查。我们的调查结果仅用作科学研究使用，不作他用。对于您的回答，我们将完全保密。整个调查大约需要 3 分钟左右，希望能够得到您的配合。谢谢！

1. 您公司/商店的名称是________，于________年成立，注册资本是________万元，现有资产________万元。

2. 您公司/商店经营的草坪及相关产品的主要种类是：

A. 草皮　　B. 草坪草种子　　C. 草坪建植项目　　D. 草坪养护管理

E. 高尔夫草坪经营　　F. 绿化草坪建植及养护　　G. 护坡等生态草坪建植及养护

(1)若是草皮，具体有：

A. 沟叶结缕草　　B. 细叶结缕草　　C. 结缕草　　D. 杂交狗牙根

E. 本地狗牙根　　F. 其他

(2)若是草坪草种子，具体有：

A. 黑麦草　　B. 高羊茅　　C. 翦股颖　　D. 百喜草

E. 三叶草　　F. 马蹄金　　G. 其他

3. 您销售的草坪及相关产品主要来自：

A. 公司：________　　B. 上级经销商　　C. 其他

4. 对于现有同类品种包装及设计，您认为存在那些改进的地方？

A. 增加小规格原包装草坪草种子　　B. 采用同一企业产品类似包装策略

C. 多用途包装(可另作他用)　　D. 配套包装(附拌种药剂等)

E. 其他

5. 您公司的草坪及相关产品年销售量为________吨；年销售额大约为________万元；利润为________万元，在同类草坪及相关产品中，您公司的市场占有率为________%。

6. 您的客户主要是：

A. 经销商　　B. 个体户

C. 各绿化单位(如园林、高尔夫公司)　　D. 其他

7. 您公司一年销售中，总客户大概有多少？________老客户所占比例为________%。

8. 您公司一年内草坪及相关产品销售最多的是哪一类？该类产品销售最多的是哪个品种？该品种销售最多的是哪个品牌？________，________，________

9. 您对客户能提供下列哪些服务？

A. 购买咨询及建议　B. 草坪建植与养护技术指导
C. 提供市场最新销售信息　D. 其他

10. 您是否会销售草坪及相关产品之外的相关产品？如有，包括下列哪些？

A. 化肥　B. 农药　C. 生长调节剂　D. 草坪建植与养护机械设备
E. 其他

11. 您是否会对草坪及相关产品进行明确标价？________如果需要变价，原因可能是：

A. 所处生命周期的阶段　B. 竞争　C. 自身销售状况　D. 客户要求
E. 其他

12. 您销售草坪及相关产品通过下列哪些渠道？

A. 店面直接销售　B. 网点销售　C. 中介代理　D. 其他

13. 您是否会定期做一些促销活动？如有，方式有哪些？

A. 多买多降　B. 赠送别的草坪产品
C. 赠送农资、工具等相关产品　D. 提供技术服务
E. 抽奖　F. 其他

14. 您曾经遇到过客户纠纷没有？________如有，引起的原因一般是哪些？

A. 产品质量问题　B. 价格问题　C. 服务不完善　D. 其他

15. 为了吸引客户，你曾做过哪些宣传？

A. 刊登报纸、杂志　B. 网络广告　C. 自制宣传小册子　D. 电视广播
E. 其他

16. 为了争取客户，您做了以下哪方面的努力：

A. 常客奖励制　B. VIP 会员制　C. 资料库营销　D. 服务营销
E. 紧扣潮流，不断满足顾客需求　F. 其他

17. 为提升品牌美誉度，您公司进行了下面哪些方面的努力？

A. 建立"顾客回声系统"　B. 制定质量控制具体标准
C. 质量改进上的技术创新　D. 建立对质量执行的激励机制

18. 您是否对品牌进行：

A. 知名度调查　B. 美誉度调查　C. 忠诚度调查　D. 联想度调查
E. 市场影响调查　F. 其他

表 29-2　草坪品牌和质量的调查问卷

贵公司：

您们好！

为了能更好的了解草坪及相关产品品牌与质量的相关信息，了解品牌与质量的相关性，以便更好的进行草业科学本科生毕业论文设计。在此，恳请，也十分感谢贵公司的支持和配合。

1. 在品牌的设计上，您认为那些因素最重要________。

A. 简洁明了　B. 准确表达品牌特性　C. 设计有美感　D. 具有适用性与扩展性

2. 品牌的核心价值您认为应该有如下那些特征________。

A. 排他性　B. 执行力　C. 感受召力　D. 兼容性

3. 您认为草坪公司品牌经营所采用的战略是________。

A. 多品牌战略　B. 单一品牌战略　C. 一牌多品战略　D. 一牌一品战略

4. 在草坪品牌经营方面您认为采用那种策略最合适？________

A. 广告　B. 媒体　C. 公关赞助　D. 销售促进

E. 关系营销

5. 在推广品牌方面您认为应采用下面的________。

A. 独特并易于记忆的广告　B. 制造“第一”

C. 促销　D. 利用名人效应树立品牌知名度

6. 确定草坪质量的主要因素是________。

A. 土壤环境　B. 养护水平　C. 建植水平　D. 草皮或种子品种特性

7. 您一般以什么样的指标来衡量草坪质量? ________

A. 草坪绿期　B. 草坪盖度　C. 草坪颜色　D. 草坪均一性

E. 草坪密度　F. 草坪质地　G. 草坪高度　H. 草坪抗逆性

I. 草坪弹性与回弹性　J. 草坪草恢复能力　K. 草坪硬度与刚性

8. 您认为决定草坪市场竞争力的主要是什么? ________

A 草坪及其相关产品的品牌　B. 草坪质量　C. 好的营销团队　D. 政府的支持

9. 用户购买草坪及相关产品时您觉得那些是他们主要考虑的因素? ________

A. 草坪及相关产品的品牌　B. 草坪及相关产品的质量　C. 经人介绍　D. 价格

10. 在打造品牌与提高质量上您认为应更注重那点? ________

A. 打造品牌　B. 提高质量　C. 两者同等重要

11. 您认为品牌与质量的关系是________。

A. 品牌决定质量　B. 质量决定品牌　C. 两者不成线性关系　D. 两者没有关系

12. 销售草坪及相关产品时，您觉得草坪及相关产品的价格是依靠那一个因素决定的。________

A. 草坪及相关产品的品牌　B. 草坪及相关产品的质量　C. 市场价格　D. 管理与贮藏等费用的支出

(4)整理分析资料

在草坪市场调查工作完成时，所获得的资料和数据都是表面的、零散的，也存在真实性与否的问题，因此，要对资料进行整理和分析。资料的整理分析包括分类、校对、编号、列表、数据处理与分析等。分组调查结束后，组间应将调查结果汇总分析，得出明确的结果，有结论、建议及存在的问题等。

(5)提交调查报告

草坪市场调查一个很重要的程序就是要编写调查报告，报告可以是综合的，也可以是针对某一问题的专题报告。其主要内容包括调查进程概况，调查目的与要求，调查结果与分析，结论与建议，附录等。

29.3 实验作业与思考题

①草坪企业参观结束后，写一篇草坪企业参观报告，针对参观过程中的所见，提出草坪企业发展的优势与存在问题及解决问题的对策?。

②根据所确定的草坪市场调查的主题及问题，试设计出一份客观可行的“草坪市场调查表”。

③根据草坪市场调查资料，以小组为单位写出调查报告。要求在综合分析的基础上，针对本次草坪市场调查的结果和相关问题，提出可行性的建议，写出本次草坪市场调查的心得体会。

实验 30　草坪企业的经营管理实习

草坪企业的经营管理是指在草坪企业内，为使生产、营业、劳动力、财务等各种业务，能按经营目的顺利地执行、有效地调整而所进行的系列管理、运营之活动。草坪企业的经营管理目的是企业经营者为了获得最大的物质利益，而运用经济权力用最少的物质消耗创造出尽可能多的能够满足人们各种需要的产品；实现本企业预期的目的，获得最佳的经济和社会效益，做好本企业以人为中心的协调活动。通过草坪企业的经营管理实习，可加深对草坪企业经营方式与管理方法的理解，了解当前国内外草坪企业的经营和管理情况，更加有利于了解草坪产业的实际情况，为以后的创业就业与草坪学科学研究提供理论和实践的基础。

30.1　经营管理实习企业选择

①经营模式不同的草坪公司，其内部的经营管理，生产流程各有不同。有些公司是具备一定科研能力具有自我研发、自主草坪及相关产品品种权的企业；而有些公司是通过收购方式拥有品种权且具有专营渠道的企业；有的草坪企业则主要代理营销其他草坪企业的产品。在不同模式的草坪企业实习，可满足不同创业、就业与科学研究目的要求学生的需求，学生可根自身需求及学校统一要求，合理选择适宜的草坪企业进行经营管理实习。

②为了节省实习费用并兼顾校内学习，有时可将草坪企业的经营管理实习选择在校内草坪企业或学校附近及周边地区主营业务与经营管理有特色的国内外草坪公司进行。

30.2　经营管理实习内容

现代草坪企业的组织结构大致包括生产部、市场部、销售部、人事部、行政部(办公室)等多个部门。针对企业的组织及部门设置，可以分别在这些部门开展如下经营管理的实习活动：

(1)生产部

草坪生产部门主要负责草坪公司草皮或草坪草种子及草坪相关产品的一系列生产工作。包括草皮或草坪草种子及草坪相关产品生产、收购、加工、质量检验、贮藏运输等一系列的生产活动。在草坪生产部门的实习，是要分别到草皮或草坪草种子及草坪相关产品生产、收购、加工、质量检验、贮运等各个不同环节去深入的实习和体验。

①草皮或草坪草种子及草坪相关产品生产：跟随生产技术人员一起到草坪基地去，学习了解草皮或草坪草种子新品种育种机制；熟悉育种基地的设置；学习育种材料的田间选择与室内分析；参与草皮的生产与草坪草种子的播种，田间养护管理以及收获等一系列过程。

②草皮或草坪草种子及草坪相关产品收购：因为草皮生产或草坪草种子收购具有季节性、集中性和计划性等特点。实习生在跟随草坪生产或草坪草种子收购人员去收购草皮或草坪草

种子之前，应该先学习草皮生产与草坪草种子收购的基础知识，了解草皮生产与草坪草种子收购过程中的注意事项；必须熟悉所收购的不同草皮或草坪草种子品种的特征、特性；熟悉该批草皮或草坪草种子在生长期问的田间表现、隔离情况、去杂情况，收获晾晒情况，以确保草皮或草坪草种子收购检验工作的顺利进行；现场收购草皮或草坪草种子时，实习生应该学习快速检验草皮质量或草坪草种子含水量、净度等指标。

③草皮或草坪草种子及草坪相关产品加工：该部门的实习首先要了解草皮或草坪草种子及草坪相关产品贮运及加工的主要目的、任务等。草皮或草坪草种子及草坪相关产品加工是以提高其质量为主要任务，通过提高质量可节约草皮或草坪草种子及草坪相关产品，提高草皮或草坪草种子抗病虫害能力等。实习时，需要具体到草皮生产现场或草坪草种子精选、烘干、精选、包衣、包装等一套作业的每个程序去亲身体验，以了解每一道工序的具体操作及其详细要求。

④草皮或草坪草种子及草坪相关产品检验：实习时，应该学习和了解草皮或草坪草种子及草坪相关产品生产质量检验的产前、产中、产后质量的全程控制。

⑤草皮或草坪草种子及草坪相关产品运输：参与实习时需要了解草皮或草坪草种子及草坪相关产品运输过程中的一些注意事项。

(2)市场部

市场部是连接草坪企业的草皮或草坪草种子及草坪相关产品生产和销售两个重要环节的关键部门。草坪公司根据市场的不同需求，有不同的市场安排。在市场部实习首先要了解市场部的主要职能和任务，熟悉市场部连接草皮或草坪草种子及草坪相关产品生产和销售，通过了解市场情况以保证生产的草皮或草坪草种子及草坪相关产品能够及时地销售的主要职能实施情况；要熟悉和分析公司的相关市场分布情况，占有情况以及产品销售的主要区域。并且，还要跟随企业员工外出到各个不同的市场分布区域进行实地的考察和学习。

(3)销售部

草皮或草坪草种子及草坪相关产品商品的销售是销售部门的主要职能。进入销售部实习，首先要了解企业的草皮或草坪草种子及草坪相关产品特性、特征、当地的市场需求、草皮或草坪草种子及草坪相关产品的年度销售情况；再进一步跟随企业业务员，到相关销售网点进行实地实习；还要到销售点去了解销售情况；向客户介绍推广草皮或草坪草种子及草坪相关产品。并且，进一步的了解售后的情况及其客户对产品的反映。

有些企业的市场部与销售部合并成一个部门，称为市场部或销售部。

(4)人事部

草坪企业的人事部门又称人力资源部，负责企业内部各项人力与物力资源事宜的协调。草坪企业人事部要负责企业员工的合理培训、组织与调配，使人力与物力经常保持最佳比例。在人事部实习，能更加深入了解企业内部的各部门构成及其运行机制。

(5)行政部(办公室)

行政部(办公室)主要负责企业的日常行政工作。有的企业行政部(办公室)还负责本企业的宣传部门工作。一个企业的企业文化和员工风貌是企业形象最好最直接的体现。宣传部门的职责就是对外宣传和推广企业文化和企业产品；对内则是为员工建立良好的企业文化氛围。有的企业的行政部(办公室)与人事部合并为一个部门，称人事与行政部或办公室。

进行政部(办公室)实习，对内要了解所参观企业的成长历程；了解企业行政管理过程；了解企业的企业文化以及企业的管理规章制度和员工风貌；对外则要参与企业产品宣传推广等项工作。

30.3 实验作业与思考题

①论述国内外草坪企业经营管理的现状与存在问题及解决问题的对策?
②结合本人在草坪企业经营管理实习的理解和感悟，写出实习总结报告。

实验31 草坪企业的生产计划制订

草坪企业的生产计划是指根据经营决策所确定的经营目标，对企业经营产品的生产种类、数量、质量要求、技术规程、基地与人员安排等及与各个环节的相互关系做出的具体安排。草坪企业的生产计划是在认识客观规律基础上制定的各个经营产品生产过程的行动指南，是经营的核心环节，是进行各项企业产品生产活动的依据。学生参与或了解草坪企业的草皮或草坪草种子及相关产品生产计划的制订过程、内容和具体方法，具有重要的理论和实践意义。不仅可进一步加深学生对草坪学基础理论知识的理解与掌握，还可进一步提高学生的创业就业与创新及科研实践能力。

31.1 草坪企业生产计划的内容

草坪企业生产计划的内容，主要包括如下内容：

①明确草皮或草坪草种子及草坪相关产品生产的种类、优异品种名称、类型及生产数量。

②明确草皮或草坪草种子及草坪相关产品生产的目标，包括生产出符合营销计划，达到质量标准的草皮或草坪草种子及草坪相关产品；编制好各类草皮或草坪草种子及草坪相关产品的生产计划表及生产费用支出定额(资金用途应备有详细说明，以便财务审核)。

③制定切实可行的草皮或草坪草种子及草坪相关产品生产的技术操作规程。

④草皮或草坪草种子及草坪相关产品生产基地的选择与建设，包括用地与用房面积、布点及其组织形式等。

⑤草皮或草坪草种子及草坪相关产品生产原材料的准备，包括农药、化肥等农资物质的采购与准备。

⑥草皮或草坪草种子及草坪相关产品生产全过程中的质量检验与控制，尤其是的草皮生产杂草的防除与草坪草种子防杂保纯技术的有效执行。

⑦草皮或草坪草种子及草坪相关产品生产收获后的收购、抽检、加工等过程的安排。

⑧草皮或草坪草种子及草坪相关产品生产的人员安排及组织、管理措施。

⑨草皮或草坪草种子及草坪相关产品生产的计划进度安排。

31.2 草坪企业生产计划书的内容及基本要求

进行草皮或草坪草种子及草坪相关产品生产时，首先必须制定出详细的生产计划和实施方案。该生产计划的制定是企业年度工作的首要任务，也是企业营销计划的一部分。草坪企业生产部门应根据市场部对草皮或草坪草种子及草坪相关产品的品种结构、数量和质量的要求，结合本企业技术力量及人员、设备等情况，在参与制定营销计划的同时基本完成生产计划的制定。生产计划由企业生产部拟定，市场部、财务部协助。企业总经理审定后，由生产部负责按计划组织生产。草皮或草坪草种子及草坪相关产品生产计划书应包括如下内容：

①计划摘要。对计划进行整体性、摘要性论述，说明计划的核心内容和基本目标。

②当前草皮或草坪草种子及草坪相关产品生产情况：提供当前宏观环境相关背景资料及数据；提供现阶段各产品生产过程中的数据及分配等。

③问题和情况分析：分析当前生产过程中存在的问题；产品的优势及劣势。

④生产目标：确定生产的目标，什么品种以及需要生产的数量等。

⑤生产计划的要求：提供用于实现生产计划目标的要求和手段。

⑥草皮或草坪草种子及草坪相关产品生产具体方案：提出具体要怎么做？做什么？需要多少时间？需要多少费用等。

⑦预算损益表：预计本计划的财务支出情况。

⑧生产控制：说明如何监测和控制草皮或草坪草种子及草坪相关产品生产计划的执行。

31.3 草坪企业生产计划制订的方法步骤

(1)草坪企业生产计划制定的程序

①市场调查：了解草皮或草坪草种子及草坪相关产品需求及其变化。

②生产部门根据市场分析和自身条件制定出初步的草皮或草坪草种子及草坪相关产品生产计划。

③生产、销售、管理及财务部门共同制定生产计划：首先由生产部门参考各部门意见，制定详细的符合企业营销计划的草皮或草坪草种子及草坪相关产品生产计划；然后将制定好的计划送交企业主管领导、销售部门审查、修改、定稿。

(2)草坪企业生产计划书的编写

根据上述计划书制定的内容和要求编写计划书。

(3)草坪企业生产计划的实施

编制计划只是计划工作的开始，大量的工作将是计划的执行和监督实施。在草坪企业生产计划的实施过程中，要及时发现问题、采取措施，以期完成既定的任务，达到预期目的。对生产计划实施中出现的经费和用工问题解决，应注意以下3点：

①一般财务部按计划支付需款，实施中如有修正应提前报财务部。

②用款计划须在一年中的年度前报财务部门，并按计划支取，原则上不得超支。

③通常草坪企业生产部门有自己的固定员工，并有权自己雇佣临时工。但如果有规定所需员工由人事部门安排，就必须提前报送用工计划。

(4)草坪企业生产计划的评价标准

草坪企业生产计划关系到草坪公司的品牌、效益等，其制定和实施很大程度上决定了草坪公司企业产品的发展和盈利。而最终草坪公司制订的生产计划是否优秀可以如下指标评价。

①符合实际情况，具有可操作性。以本草坪企业现有资源可以做到，在时间安排上也合理。

②计划目标尽量清楚，对于要完成的任务和时限不存在疑问。

③计划完整连贯，避免行动过程中有脱节现象。

④具有适当的弹性，以适应出现的新情况，或能够充分利用意外出现的机会。

⑤计划的行动安排有先后顺序，可使执行人员了解那些事情最重要。

⑥草坪企业生产计划应该是企业内生产、销售、财务等各部门共同沟通协商的结果。

⑦必须要有一个衡量草皮或草坪草种子及草坪相关产品生产计划最后的实施是否成功的具体标准。

⑧日期明确，以便及时检查计划的实际情况。

⑨生产计划总体来看就具有最佳的投入产出比。

31.4 实验作业与思考题

①参加或了解某草坪企业当年的草皮或草坪草种子及草坪相关产品生产计划制订工作，了解草皮或草坪草种子及草坪相关产品生产计划制订的重点与难点。

②根据所了解的某草坪企业草皮或草坪草种子及草坪相关产品生产情况，学生以组为单位分别设计出某一草皮或草坪草种子及草坪相关产品品种的年度生产计划。

实验 32　草坪企业经济效益案例分析

草坪企业经营管理的主要目的是获得企业经济效益的最大化。因此，草坪企业需要经常进行企业经济效益的分析，从而达成不断进步和发展壮大。本实验通过对草坪企业的资产负债表和损益表的解析，使学生学会分析、评价和预测企业经济效益的方法。

32.1　实验案例

现有"华丰草坪机械公司"2012 年度、2013 年度财务报表整理资料见表 32-1 和表 32-2。可根据该整理财务报表对该企业的经济效益进行综合分析。

表 32-1　华丰草坪机械公司资产负债表　　单位：人民币元

资 产	2012 年 12 月 31 日	2013 年 12 月 31 日	增加或减少(%)	
流动资产合计	19 945 177	14 477 414	5 467 763	37.77
非流动资产合计	9 322 557	7 945 248	1 377 308	17.33
资 产 总 计	29 267 735	22 422 663	6 845 071	30.53
流动负债合计	16 719 924	12 644 342	4 075 582	32.23
非流动负债合计	1 221 332	370 729	850 602	229.44
负债合计	17 941 257	13 015 071	4 926 185	37.85
实收资本(资本金)	8 330 450	5 206 530	3 123 920	60.00
所有者权益合计	11 326 477	9 407 591	1 918 886	20.40
负债及所有者权益总计	29 267 735	22 422 663	6 845 071	30.53

注：2011 年 12 月 31 日该公司资产总计为 17150459 元。

表 32-2　华丰草坪机械公司损益表　　单位：人民币元

报告期	2013 年	2012 年	增加(%)	
一、产品销售收入	33 127 784	29 260 968	3 866 816	13.21
减：产品销售成本	25 429 031	22 352 363	3 076 668	13.76
产品销售费用	1 631 394	1 536 981	94 413	6.14
产品销售税金及附加	134 125	128 325	5 800	4.52
产品销售利润	5 933 234	5 243 299	689 935	13.15
加：其他业务利润	-25 220	-107 105		
减：管理费用	1 624 010	1 543 467	80 543	5.22
财务费用	286 332	235 748	50 583	21.46
资产减值损失	372 085	150 836	221 249	146.68
二、营业利润	3 625 587	3 206 143	419 444	13.08
加：营业外收入	160 877	94 535	66 342	70.18
减：营业外支出	45 656	23 032	22 624	98.22

（续）

报告期	2013 年	2012 年	增加(%)	
三、利润总额	3 740 808	3 277 646	463 162	14. 13
减：所得税	498 989	479 565	19 424	4. 05
四、净利润	3 241 819	2 798 081	443 738	15. 86

32. 2 方法步骤

32. 2. 1 企业经济效益评价的财务评价指标的计算

(1)毛利率(%)=[(产品销售收入－产品销售成本)/产品销售收入]×100%

①2013 年的毛利率=[(33 127 784－2 542 9031)/33 127 784]×100%=23. 23%

②2012 年的毛利率=[(29 260 968－22 352 363)/29 260 968] ×100%=23. 61%

(2)营业利润率(%)=[(营业利润+财务费用)/产品销售收入]×100%

①2013 年的营业利润率=[(3 625 587+286 332)/33 127 784] ×100%=11. 81%

②2012 年的营业利润率=[(3 206 143+235 748)/29 260 968] ×100%=11. 76%

(3)投资报酬率(%)=(净利润/平均资产总额)×100%

①2013 年的投资报酬率=3 241 819/[(29 267 735+22 422 663)/2]×100%=12. 54%

②2012 年的投资报酬率=2 798 081/[(22 422 663+17 150 459)/2]×100%=14. 14%

(4)所有者权益报酬率(%)=净利润/所有者权益×100%

①2013 年的所有者权益报酬率=(3 241 819/11 326 477)×100%=28. 62%

②2012 年的所有者权益报酬率=(2 798 081/9 407 591)×100%=29. 74%

(5)销售利润率(%)=净利润/产品销售收入×100%

①2013 年的销售利润率=(3 241 819/33 127 784)×100%=9. 78%

②2012 年的销售利润率=(2 798 081/29 260 968)×100%=9. 56%

(6)成本费用利润率(%)=净利润/(产品销售成本+产品销售税金及附加)×100%

①2013 年的成本费用利润率=[2 411 819/(26 429 031+134 125)] ×100%=9. 08%

②2012 年的成本费用利润率=[2 798 081/(22 352 363+128 325]×100%=12. 45%

(7)资本金收益率(%)=净利润/资本金总额×100%

①2013 年的资本金收益率=(2 411 819/8 330 450)×100%=28. 95%

②2012 年的资本金收益率=(2 798 081/5 206 530)×100%=53. 74%

32. 2. 2 企业经济效益分析

根据以上企业经济效益评价的财务评价指标，对华丰草坪机械公司的企业经济效益分析结论如下：

①2013 年华丰草坪机械公司的资产大幅增加，资产总计增幅达到 30. 53%。该公司销售收入增加 13. 21%，说明 2013 年该公司产品销售红火，表现产品销售量大。并且，该公司的毛利率、营业利润率、投资报酬率、所有者权益报酬率等企业营运能力指标基本与 2012 年的持平，说明该公司 2013 年的经营运转情况良好，使该公司的盈利能力得以保持。

②该公司的成本费用利用率由 2012 年的 12. 45% 降到了 2013 年的 9. 08%，体现了该公司的单位成本所带来的利润减少，该企业的经济效益稍有降低，这可能是由于市场竞争日趋

激烈，产品销售价格下跌所导致。

③2013 年该公司的产品成本增长 13.76%，其增幅高于该公司的产品销售收入增长的 13.21%，说明 2013 年该公司的产品成本上升。但 2013 年该公司的销售利润率为 9.78%，比 2012 年的销售利润率反而微增 0.21%，而且 2013 年该公司的销售费用增长 6.14%；该公司的管理费用增长 5.22%，两者增幅均低于其产品销售利润的增幅 13.15%。这种情况说明该公司在产品成本上升的情况下，2013 年该公司销售利润率的微增是靠该公司企业内部管理能力增强与降低产品销售费用及管理费用达到的。

总之，通过对 2012～2013 年度的华丰草坪机械公司的财务报表资料进行比较分析的结果表明，2013 年该公司经营良好，企业盈利能力得以保持，企业内部管理能力有所增强。

32.3　实验作业与思考题

①实地访问调查某一草坪公司近两年的资产负债和损益情况，进行近两年的企业经济效益的财务评价指标计算和经济效益分析。

②根据《草坪学》及相关课程所学知识，撰写 1 份个人草坪企业创业计划书。

实验33　草坪企业投资效益案例分析

草坪企业创建与发展过程中，均要进行草坪企业投资效益的分析，以便提高投资成功率与投资效益。本实验通过对草坪公司工程个案进行投资效益分析，使学生掌握企业投资效益分析的方法，为将来进行企业经营管理奠定良好的基础。

33.1　实验案例

绿丰草坪公司现有16.5 hm^2地块生产草皮，现计划安装管道移动式喷灌系统取代原地面人工管灌系统，试分析该工程项目的可行性。

33.2　方法步骤

33.2.1　工程费用计算

(1)工程设备投资费用计算

因为本草坪生产工程项目是对原草坪生产设施的地面灌溉系统进行改造，可利用原有的供水水源设施(水井等)及泵房，故只需计算新买水泵和喷灌设备的投资。本实验假设新买水泵和喷灌设备的投资合计费用为45 600元。

(2)工程设备的年度运行费用计算

工程设备的年度运行费是指新的草坪喷灌工程运行管理中每年所需支付的各项经常性费用，包括燃料动力费、维修费、管理(用工)费和其他经常性支出费用。本实验假定该工程设备的年度运行的各项费用如下：

①燃料动力费为12 000元。

②维修费按设备总投资的5%计算，年维修费为2 280元。

③全年用工日200个，每工日按150元计算，为30 000元。

④年用水费(指水务管理部门收取的水资源使用费。按农业用水0.6元/m^3，年用水量80 000 m^3收取48 000元。

合计，年运行费用总计92 280元。

33.2.2　投资效益计算

该草坪喷灌工程投资效益包括省工、省水、省燃料动力费等所增加的效益。

(1)省工效益

喷灌比人工管灌年节省工日800个，每工日按150元计算，年节省工费120 000元。

(2)省水效益

一般情况下，人工管灌年用水量120 000 m^3，喷灌比人工管灌年省水40 000 m^3，年省用水费24 000元。

(3)省燃料动力效益

喷灌用水量少，年节省水泵取水燃料动力费 5 000 元。

综上合计节省效益为 149 000 元/年

33.2.3　投资效益分析

草坪企业大多因工程规模小、投资少、工期短，回收年限短而采用静态分析法。计算内容如下：

(1)还本年限计算

$$T = \frac{K}{B - C}$$

式中，T 为还本年限；K 为工程投资(元)；B 为工程多年平均效益(元)；C 为工程多年平均管理运行费(元)。

本案例中，

$$T = \frac{45\ 600}{149\ 000 - 92\ 280} = 0.79$$

(2)总效益系数计算

$$E = \frac{1}{T} = \frac{B - C}{K}$$

式中，E 为总效益系数；其余符号意义同上。

本案例中，

$$E = \frac{1}{0.79} = 1.27$$

农业项目投资工程中一般认为还本年限 3 ~5 年，投资效益系数 > 0.2 的投资工程可以投资作业。根据上述本案例投资效益指标的计算，本案例的还本年限为 0.79 年，投资效益系数为 1.27，经济效益较好，因此，认为可以进行本案例项目的投资建设。

33.3　实验作业与思考题

①选择某草坪企业的某个投资项目进行投资效益分析，并根据市场调查结果与数据分析写出投资项目的可行性分析报告。

②根据《草坪学》及相关课程所学知识，撰写 1 份个人创业草坪投资项目的可行性分析报告书。

主要参考文献

徐庆国，张巨明 . 2014. 草坪学[M]. 北京：中国林业出版社

龙瑞军，姚拓 . 2004. 草坪科学实习试验指导[M]. 北京：中国农业出版社 .

孙吉雄主编 . 2009. 草坪学[M]. 3 版 . 北京：中国农业出版社 .

张自和，柴琦 . 2009. 草坪学通论[M]. 北京：科学出版社 .

洪绂曾主编 . 2011. 中国草业史[M]. 北京：中国农业出版社 .

徐庆国，刘红梅 . 2011. 草业本科专业实践教学问题简论[J]，湖南农业大学学报(社会科学版)，12(2)：34 – 36.

胡林，边秀举，阳新玲 . 2001. 草坪科学与管理[M]. 北京：中国农业大学出版社 .

徐庆国，黄丰，刘红梅 . 2008. 关于草业科学专业本科教学改革的思考[J]. 草原与草坪(6)：109 – 113.

鱼小军 . 2013. 草类植物种子实验技术[M]. 北京：化学工业出版社 .

徐庆国，罗利华，王林辉，等 . 2008. 草业科学专业《育种学》教学改革的实践与探索[J]. 湖南农业大学学报(社会科学版)，9(6)：90 – 92.

李聪，王赟文 . 2008. 牧草良种繁育与种子生产技术[M]. 北京：化学工业出版社 .

徐庆国，苏鹏，梁东鸣，等 . 不同冷季型草坪草种的高温胁迫抗性差异研究[C]. 中国草学会草坪专业委员会第八届全国会员代表大会暨第十三次学术研讨会论文集，122 – 132.

尹燕枰，董学会 . 2008. 种子学实验技术[M]. 北京：中国农业出版社 .

徐庆国，苏鹏，唐瑶，等 . 暖季型草坪草低温胁迫抗性差异的研究[C]. 中国草学会草坪专业委员会 2010 年学术研讨会论文集，95 – 101.

祝水金 . 2005. 遗传学实验指导[M]. 2 版 . 北京：中国农业出版社 .

常智慧，李存焕 . 2012. 高尔夫球场建造与草坪养护[M]. 北京：旅游教育出版社 .

商鸿生，王凤葵 . 2002. 草坪病虫害识别与防治[M]. 北京：金盾出版社 .

余德乙 . 2005. 草坪病虫害诊断与防治原色图谱[M]. 北京：金盾出版社 .

徐秉良 . 2006. 草坪技术手册——草坪保护[M]. 北京：化学工业出版社 .

张德罡 . 2006. 草皮生产技术[M]. 北京：化学工业出版社 .

刘自学 . 2001. 草皮卷生产技术[M]. 北京：中国林业出版社 .

龚束芳 . 2008. 草坪栽培与养护管理[M]. 中国农业出版社 .

刘东霞，李卫欣 . 2010. 园林草坪建植与养护[M]. 北京：化学工业出版社 .

白永莉，乔丽婷 . 2009. 草坪建植与养护技术[M]. 北京：化学工业出版社 .

俞国胜，李敏，孙吉雄 . 1999. 草坪机械[M]. 北京：中国林业出版社 .

陈传强 . 2001. 草坪机械使用与维修手册[M]. 北京：中国农业出版社 .

韩烈保 . 2011. 运动场草坪[M]. 2 版 . 北京：中国农业出版社 .

孙吉雄 . 2011. 草坪工程学[M]. 2 版 . 北京：中国农业出版社 .

中华人民共和国农业部 . 2003. NY/T 634—2002 草坪质量分级[S]. 北京：中国标准出版社 .

李龙保，林世通，黎瑞君，张巨明 . 2011. 广州亚运会足球场草坪质量的综合评价[J]. 草业科学，28(7)：1245 - 1252.

甘碧群 . 2005. 市场营销学[M]. 3 版 . 武汉：武汉大学出版社 .

韩建国，毛培胜 . 2011. 牧草种子学[M]. 3 版 . 北京：中国农业大学出版社 .

洪德林 . 2010. 作物育种学实验技术[M]. 北京：科学出版社 .

萧浪涛，王三根 . 2005. 植物生理学实验技术[M]. 北京：中国农业出版社 .